Bettina Weinert · Notfall-Ratgeber Hund

Auffinden eines Notfallpatienten

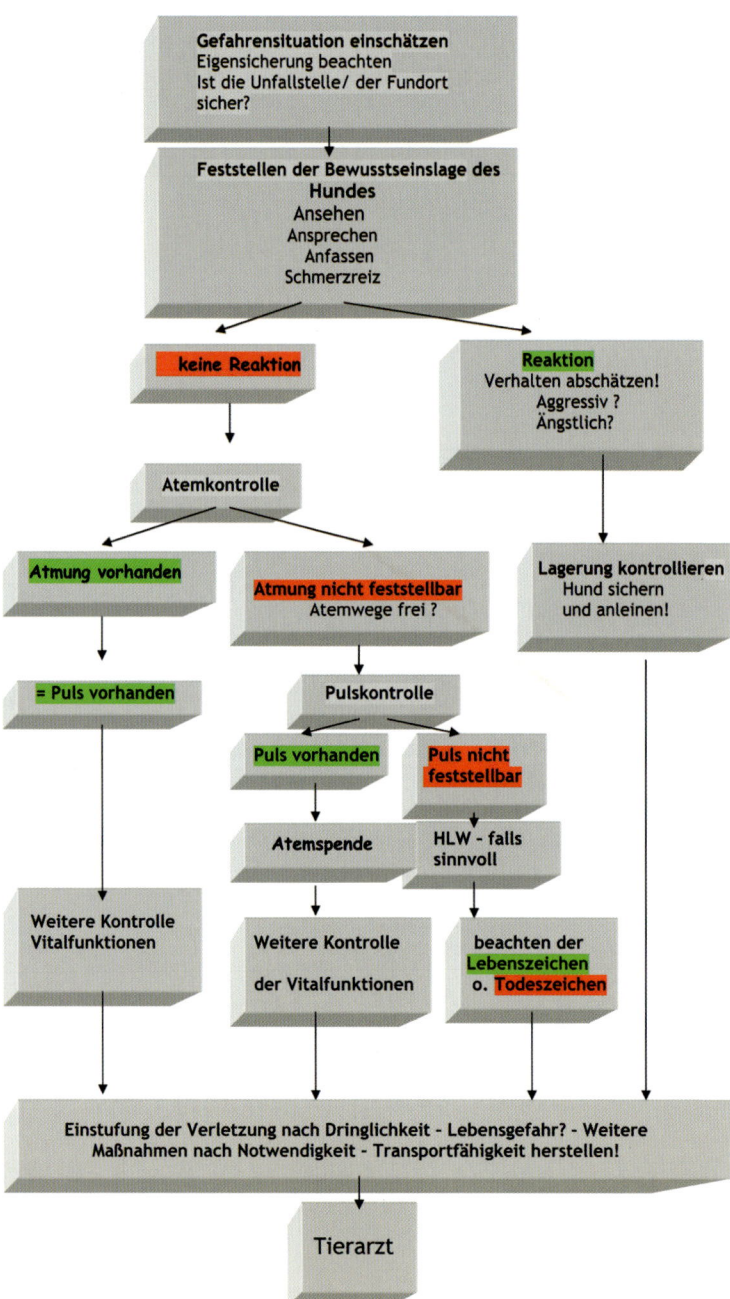

Gefahrensituation einschätzen
Eigensicherung beachten
Ist die Unfallstelle/ der Fundort
sicher?

Feststellen der Bewusstseinslage des Hundes
Ansehen
Ansprechen
Anfassen
Schmerzreiz

keine Reaktion

Reaktion
Verhalten abschätzen!
Aggressiv ?
Ängstlich?

Atemkontrolle

Atmung vorhanden

Atmung nicht feststellbar
Atemwege frei ?

Lagerung kontrollieren
Hund sichern
und anleinen!

= Puls vorhanden

Pulskontrolle

Puls vorhanden

Puls nicht feststellbar

Atemspende

HLW – falls sinnvoll

Weitere Kontrolle Vitalfunktionen

Weitere Kontrolle der Vitalfunktionen

beachten der Lebenszeichen o. Todeszeichen

Einstufung der Verletzung nach Dringlichkeit - Lebensgefahr? - Weitere Maßnahmen nach Notwendigkeit - Transportfähigkeit herstellen!

Tierarzt

NOTFALL

Ratgeber

HUND

Bettina Weinert

Einbandgestaltung: Luis Santos
Titelbild: Yvonne Jaussi

Bildnachweis: Yvonne Jaussi (S. 9, 16); Marc Dammann (S. 37);
M.B. Spiess (S. 78, 79, 80, 81,84)
Alle andern Bilder stammen von Bettina Weinert.

ISBN 978-3275-01599-6
Copyright © 2007 by Müller Rüschlikon Verlag, Postfach 103743,
70032 Stuttgart
Ein Unternehmen der Paul Pietsch Verlage GmbH & Co
Lizenznehmer der bucheli Verlags AG, Baarerstr. 43, CH-6304 Zug

1. Auflage 2007

Sie finden uns im Internet unter www.mueller-rueschlikon-verlag.de

Lektorat: Rosemarie Wild
Innengestaltung: Sabine Heüveldop, Publikation&Gestaltung, 48249 Dülmen
Druck und Bindung: Fortuna Print, 85101 Bratislava
Printed in Slovac Republic

INHALT

Die in diesem Buch enthaltenen Hinweise zu Arzneimitteln entsprechen dem neuesten Stand der Wissenschaft. Eine Gewährleistung kann jedoch nicht übernommen werden. Alle Angaben wurden gründlich geprüft. Eine Haftung der Autorin oder des Verlages und seiner Beauftragten für Personen-, Tier-, Sach- und Vermögensschäden ist ausgeschlossen.

Kapitel 1

Kapitel 1

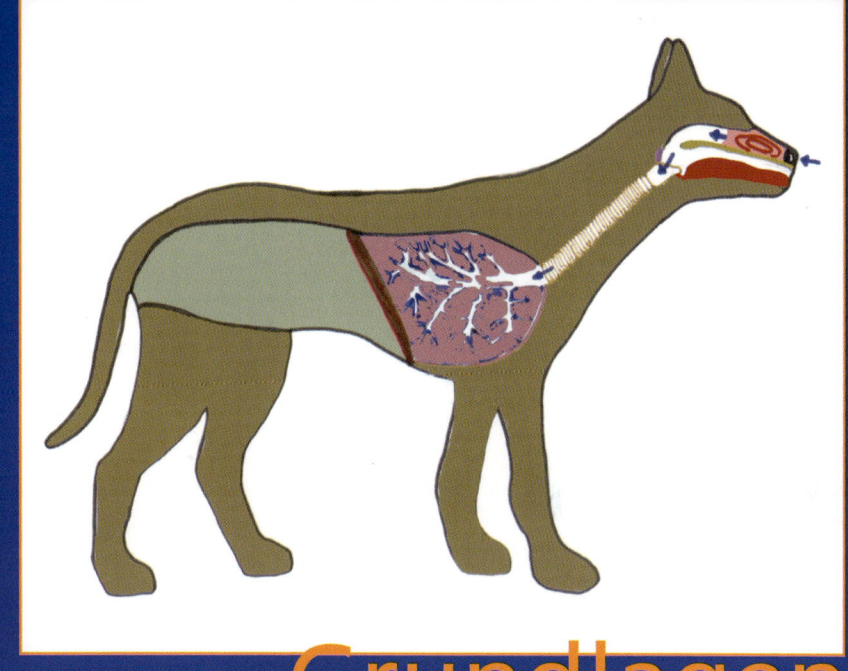

Grundlagen
der Anatomie
und Physiologie

Was ist normal?

Um festzustellen, ob ein Tier krank ist, muss man es in seinem gesunden Zustand kennen. Hierbei ist es nicht nur wichtig, dass man die »Normalwerte« eines Hundes kennt, wie sie in Ratgebern angegeben werden, sondern wie diese bei dem eigenen Hund tatsächlich sind! Darum sollte man sich die Mühe machen, die verschiedenen Werte und Untersuchungsmethoden am eigenen Hund zu erproben.

Um die oft schon heikle Situation in einem Erkrankungsfall zu erleichtern, sollte man folgende Punkte mit dem eigenen Hund üben – bei Gelegenheit – öfter mal wieder!

- Schnauze: öffnen, »in den Hals gucken«, »Zähne anschauen«
- Augen: anschauen – Schleimhäute und Gefäße
- Ohren: reingucken
- Pfoten: anschauen, Zwischenzehen bzw. Ballenbereich genau untersuchen
- Fieber messen
- Puls messen – damit man es kann!
- Auf der Seite liegen bleiben – und Manipulationen erdulden – Bauch untersuchen usw.
- Das »Getragen werden« – auf dem Arm, Schulter oder auf einer Decke

Dies sollte sich der Hund von seinem Herrchen/Frauchen, aber auch von einer fremden Person gefallen lassen.

Die Normalwerte

Die Normalwerte seines eigenen Hundes sollte jeder Hundebesitzer kennen: T-A-P-S immer mal untersuchen!

Wichtig ist es auch, das Gewicht des eigenen Hundes zu kennen – dies ist in Notfällen für die Dosierung von Medikamenten/Narkose hilfreich.

T – Temperatur ermitteln
Körperkerntemperatur

Die Messung der Körperkerntemperatur (Fiebermessen) ist ein sehr einfacher Vorgang. Am besten eignet sich ein digitales Fieberthermometer. Ein Vorteil ist, neben der konkreten Messzeit, das einfache Ablesen der Temperatur. Das Thermometer wird rektal ca. 2 bis 3 cm eingeführt. Es ist darauf zu achten, dass es seitlich die Darmwand berührt. Bei zentraler Lage besteht die

---

MERKEN: T-A-P-S IMMER UNTERSUCHEN!

T Temperatur normal?	37,9°C bis 39,3°C
A Atmung normal?	10 bis 40 Atemzüge/Minute
P Herzschlag/Puls zu fühlen?	70 bis 140 Schläge/Minute
S Schleimhäute? – Blutungen vorhanden?	rosa Schleimhäute

Gefahr, dass man nur die »Kottemperatur« misst. Das Benetzen der Thermometerspitze mit einem Gleitmittel (Öl, Creme o. ä., manchmal reicht ein Anfeuchten mit Wasser), ist für das Einführen sehr hilfreich.

Die Messung ergibt einen absoluten Zahlenwert, der bei gesunden Hunden um 38,5°C (+/- 0,5°C) liegt. Die normale Temperatur ist abhängig von Rasse/Größe und Alter des Tieres. Wobei schon die »normale« Körpertemperatur eines Tieres im Laufe des Tages deutlichen Schwankungen unterliegt. Das heißt, morgens ist sie in der Regel am niedrigsten, mittags um einige Zehntelgrade höher und etwa um 18 Uhr am höchsten.

■ *Das Thermometer sollte zwei bis drei Zentimeter tief eingeführt werden und seitlich der Darmwand anliegen.*

Erhöhte Körperkerntemperatur

Eine erhöhte Körperkerntemperatur kann bei akuten Infektionen (39,5–42°C), aber auch bei Überhitzung oder Hitzschlag (zum Teil bis über 42°C) gemessen werden.

»Physiologisch erhöhte Temperatur« misst man, wenn zu früh nach Beanspruchung (zum Beispiel Arbeit, Transport) gemessen wird. Man sollte frühestens eine Stunde (besser zwei Stunden) nach Beginn der Ruhephase die Temperatur messen. Auch nach Nahrungsaufnahme, Aufregung und Geburt kann eine Temperaturerhöhung gemessen werden.

Erniedrigte Körperkerntemperatur

Von Untertemperatur spricht man, wenn die Körperkerntemperatur in Relation zu Alter und Aktivität zu niedrig ist. Für einen alten Hund kann auch schon mal eine Temperatur von 37,9°C normal sein, während der gleiche Wert für einen Welpen (normal 38,5–39°C) schon als Untertemperatur zu werten ist! Die Untertemperatur stellt immer ein ernst zu nehmendes Symptom dar. Bei allen Warmblütern sind die verschieden

ACHTUNG

Falsch »niedrige Temperatur« ermittelt man, wenn die Analrosette sich nicht mehr schließt (Sphinkter-Lähmung), bei andauernden Durchfällen (da wiederholtes Öffnen des Afters) oder bei Messfehlern, wie zu kurzen Messzeiten oder falschem Einführen.

!

1

chemischen Organstoffwechselvorgänge an einen engen Temperaturbereich gebunden. Bei starker Untertemperatur beginnt immer irgendwann neben dem ursprünglichen Problem, die Folgen der Untertemperatur sichtbar zu werden.

Körperoberflächentemperatur

Die Messung der Körperoberflächentemperatur erfolgt mit den Händen. Hier ist zu beachten, dass dies eine relative Messung ist. Es wird der Wärmeunterschied zur eigenen Körperwärme (Handrücken) wahrgenommen! Deshalb sollten die eigenen Hände »neutral temperiert« sein. Am besten misst man mit beiden Händen an unterschiedlichen Punkten des Hundekörpers. Getestet werden sollten vor allem Körperstellen, die wenig behaart sind, wie die Schenkelinnenseiten, um die isolierende Wirkung der Haa-

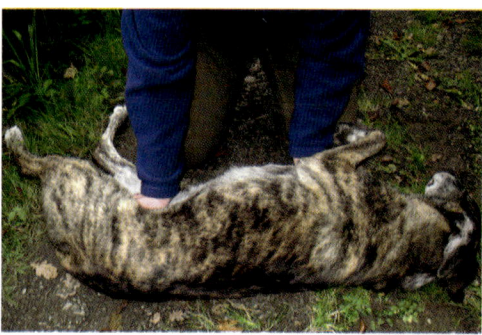

■ Die Hautoberflächentemperatur misst man an mehreren Stellen des Körpers, speziell an den wenig behaarten Stellen des Hundekörpers.

re auszuschalten. Die physiologische Hauttemperatur wird in erster Linie von der Durchblutung (Alter, Rasse und Aktivitätsgrad) und von der Wärmeabgabe (Umgebungstemperatur und Luftgeschwindigkeit) beeinflusst.

Erhöhte Körperoberflächentemperatur

Eine allgemein erhöhte Hauttemperatur findet man bei Sonnenstich, Hitzschlag und Fieber. Eine »Physiologisch erhöhte Hauttemperatur« kann man nach Arbeitsleistung und Sonnenbestrahlung feststellen.

Erniedrigte Körperoberflächentemperatur

Die Hauttemperatur erniedrigt sich: Bei schlechter Durchblutung, durch eine aktive Verengung der Kapillaren, wie zum Beispiel bei Beginn des Fiebers (Schüttelfrost, Gänsehaut), bei bestimmten Vergiftungen und bei schockbedingter Zentralisation.

Physiologisch ist, dass die exponierten Stellen des Körpers, wie Nase, Ohren und Beine, aufgrund ihrer großen Oberfläche und einer höheren Wärmeabgabe, (bei niedriger Umwelttemperatur/hoher Luftgeschwindigkeit) eher etwas kühler sind, als die restliche Körperoberfläche.

A – Atmung
Die Atemwege

Die Atemluft hat einen langen Weg in den Körper. Der Weg beginnt in der Nase. Die

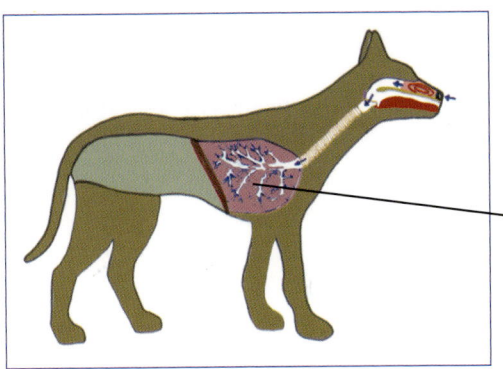

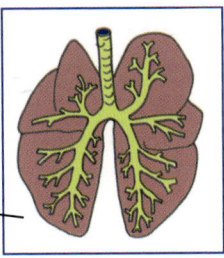

■ *Übersicht Lunge mit Aufteilung der Bronchien.*

■ *Schematische Übersicht Atemwege.*

Nasenlöcher des Hundes werden von dem unbehaarten, schwarzen oder braunen Nasenspiegel gebildet. Sie lassen die Atemluft in die Nasenhöhle, wo sie angefeuchtet, gewärmt und gefiltert wird.

Die Luft strömt dann über den Rachen in den Kehlkopf und die Luftröhre (Trachea) weiter in die Lunge. Hier teilt sich der Weg, erst in die zwei Stammbronchien, je einen für jede Lungenhälfte, dann weiter in die immer kleiner werdenden Bronchien und Bronchiolen. Ihren Zielort erreicht die Atemluft in den vielen kleinen Lungenbläschen (Alveolen) in denen dann der Gasaustausch stattfindet; umgeben sind diese von einem Kapillargeflecht. Die Gase werden dann per Diffusion durch die dünne Alveolar- und Kapillarwand geschleust.

Der Atemvorgang gliedert sich in mehrere Teile. Die aktive Einatmung, die durch das Zusammenziehen der Zwischenrippenmuskeln und des Zwerchfelles erfolgt, führt zur Weitung des Brustkorbes. Der Unterdruck im Brustkorb sorgt dann für ein »Auseinanderziehen des Lungengewebes« und macht die Einatmung damit möglich.

Die Ausatmung dagegen erfolgt nur passiv. Die Elastizität der Lunge sorgt für ein »Zusammenfallen« (= Ausatmung), sobald die Zwischenrippenmuskelaktivität zu Ende ist. Dabei wird der größte Teil der jetzt mit CO_2 beladenen Atemluft ausgestoßen.

Die gesunde Atembewegung sollte bei Ein- und Ausatmung ohne sichtbare Anstrengung und Geräuschbildung erfolgen.

Funktionen der Atemwege
- Sauerstoffversorgung des Körpers
- Stimmbildung
- Sitz des »Geruchsorgans«

Kontrollmöglichkeit der Atmung
Beobachten Sie den Rippenbogen, ob sich der Brustkorb hebt und senkt. Bei langhaari-

gen Hunden ist das Beobachten durch das dicke Fell manchmal schwierig. Hier hilft »fühlen«! Knien Sie sich zwischen die Beine des auf der Seite liegenden Hundes. Die eine Hand sollte auf den Brustkorb gelegt werden, die andere auf den Bauch. Jetzt kann man die Atembewegung an den Händen sehen und fühlen. Ist die Atmung nicht offensichtlich vorhanden, werden zuerst die Atemwege systematisch untersucht. Das Maul wird geöffnet, die Zunge vorgelagert und die Hals-Kopf-Linie wird zu einer Geraden gestreckt. In dieser Haltung kann man den Maulraum bis zum Kehlkopf kontrollieren. Bei schlechten Lichtverhältnissen hilft eine Taschenlampe.

Die Atmung kann durch Fremdkörper, Blutkoagula (-gerinnsel), Erbrochenes oder starke Schwellungen behindert sein.

Ist die Atmung vorhanden, sollten folgende Punkte beachtet werden:

● **Atemfrequenz**

Die Atemfrequenz ist die Anzahl der Atemzüge pro Minute. Gezählt wird mindestens eine halbe, besser eine ganze Minute, um »bewusste« Frequenzänderungen auszugleichen. Es wird jeweils mit einer Einatmung begonnen zu zählen, da diese deutlicher sichtbar ist. Zählt man nur 30 Sekunden, muss man den Wert dann mit zwei multiplizieren, da alle Angaben immer »pro Minute« angegeben werden! Normale Frequenz: 10 bis 40 Atemzüge/Minute.

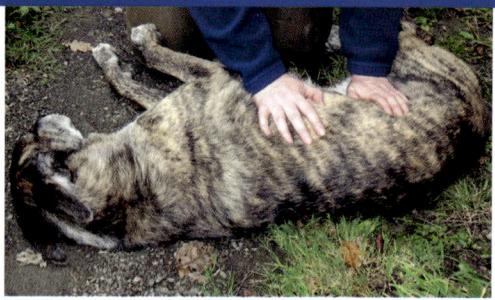

■ *Kontrolle der Atmung mit den Händen.*

● **Rhythmus**

Der Atemrhythmus besagt, wie gleichmäßig die Abstände von einem Atemzug zum nächsten sind. Hier wird erst ein mindestens 15 bis 30 Sekunden langes Aussetzen der Atmung als pathologische Unregelmäßigkeit bewertet, da es aus verschiedenen Gründen willkürliche Atemarrhythmien gibt. Die normale Atmung ist, bis auf kleine Abweichungen, regelmäßig.

● **Atemtyp**

Unter Atemtypus versteht man die Art der Beteiligung von Brust- und Bauchwand an der Atmung – der Hund hat normalerweise eine »Brustatmung«. Beteiligung der Bauchwand/Bauchpresse ist als »veränderter Atemtyp« zu werten.

● **Atemtiefe**

Die Atemtiefe erkennt man an dem Ausmaß der »Weitung« des Brustkorbes. Im Ruhezustand ist die Atmung nicht sehr tief, die Brustwand bewegt sich nur unauffällig. Bei der physiologischen Atmung ist die Atemtiefe gleichmäßig tief.

● **Effizienz der Atmung**

Diese lässt sich am schnellsten durch die Begutachtung der Schleimhäute im Maulbereich beurteilen:

Rosa Schleimhäute von Zunge und Zahnfleisch signalisieren eine ausreichende Sauerstoffsättigung des Blutes, wie es bei einem gesunden Hund zu sehen ist.

Bläuliche Schleimhäute geben Warnhinweise auf eine ungenügende Sauerstoffversorgung. Schwarze Maulschleimhäute sind nicht krankhaft, sondern pigmentiert! Eignen sich daher zur Beurteilung der Atmung (oder Kreislauf) nicht! Hier kann man die Vulva-/Penisschleimhaut kontrollieren.

P – Puls
Herz und Kreislauf

Das in den Lungenbläschen (Alveolen) mit Sauerstoff angereicherte Blut muss im Organismus verteilt, andererseits das mit Kohlendioxid beladene Blut auch aus dem Körper in

die Alveolen gepumpt werden. Diese Forderung kann nur ein intakter Kreislauf mit einem pumpenden Herz erfüllen.

Das **Herz** (Cor), als die zentrale Pumpstation im Kreislauf, befindet sich im Brustkorb. Das Herz ist ein starker Muskel, mit zwei Hauptkammern und zwei Vorkammern. Genauer gesagt sind es zwei Pumpen (linke und rechte Herzhälfte) in einem Organ, die in Reihe platziert, einander zuarbeiten. Vom Herz wird das Blut in das ganze Blutgefäßsystem des Körpers gepumpt.

Die linken Herzkammern (Vor- und Hauptkammer) pumpen das sauerstoffbeladene (arterielle) Blut aus der Lunge wieder zurück in den Körper (großer Kreislauf) und in die verschiedenen Organe. Das Blut fließt über die große Körperschlagader (Aorta) parallel zur Wirbelsäule bis zu den Hinterbeinen. Von der großen Schlagader gehen viele kleinere Arterien zu den einzelnen Organsystemen ab, die sich dann wieder in kleinere Arteriolen aufteilen. Von hier fließt das Blut weiter in das Kapillarbett und das Endstromgebiet der Organgewebe. Die Kapillaren sind im Endstromgebiet zum Teil nicht mal mehr haardünn.

Die wichtigste Funktion des zirkulierenden Blutes ist der Sauerstofftransport zu den Geweben und gleichzeitig der Abtransport von den Stoffwechselendprodukten (zum Beispiel CO_2). Das Gewebe kann keinen Sauerstoff speichern, so dass eine konstante Durchblutung lebenswichtig ist. Dieser Aus-

> **ACHTUNG** !
>
> Tiere mit **Anämie**, starken Blutungen, bekommen wegen ihrer verminderten Zahl der roten Blutkörperchen, bei **Sauerstoffunterversorgung** erst viel später blaue Schleimhäute, als Tiere ohne Blutverlust.

1

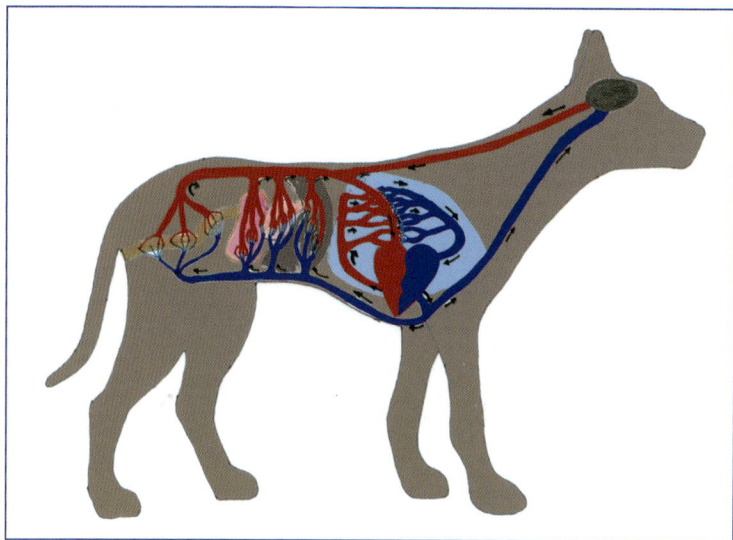

■ *Schematische Über-sicht Blutkreislauf*

tausch findet im Endstromgebiet der Organe und im Kapillarbett statt.

Nachdem der Sauerstoff an die Zellen abgegeben worden ist, fließt das Blut aus dem Kapillarnetz der Organe jetzt CO_2-beladen in die erst kleinen Venolen – in den venösen Bereich des Gefäßsystems. Später vereinigen sich diese zu den großen Venen und fließen zurück zum rechten Herz.

Das rechte Herz bekommt also das CO_2-beladene (venöse) Blut aus dem Körperkreislauf und pumpt es dann weiter wieder in die Lunge (kleiner Kreislauf). Das Herz wird, anders als die Skelettmuskulatur, nicht willkürlich gesteuert. Das heißt, der Hund hat keinen Einfluss auf die Herzaktionen. Dies übernimmt ein kompliziertes Steuerungssystem.

Kontrollmöglichkeit des Pulses/der Herzfunktion

Herz

Es gibt mehrere Möglichkeiten zu kontrollieren, ob und wie das Herz schlägt. Als Erstens das Herz selbst. Durch Anlegen des Ohres an den Brustkorb, kann der Herzschlag bei einem gesunden Kreislauf deutlich gehört werden. Ist dies aufgrund lauter Außengeräusche nur schlecht möglich, kann man versuchen, den Herzspitzenstoß zu fühlen. Man legt den Zeige- oder den Mittelfinger auf der linken Seite direkt hinter dem Ellbogen auf die Brustwand in den Rippenzwischenraum. Hier spürt man, wie die Herzspitze an die Brustwand schlägt. Bei sehr schlanken Hunden kann der Herzspitzenstoß auch »gesehen« werden. Bei übergewichtigen Hunden ist es, durch die Fettpolsterung oft nicht wirklich möglich, den Herzspitzstoß zu fühlen!

Puls

Eine indirekte Möglichkeit, den Herzschlag zu kontrollieren, ist die Kontrolle des Pulses. Die Pulsmessung erfolgt an einer Arterie, die gut fühlbar unter der Haut und über einer harten Unterlage liegt. Dies erfüllt beim Hund die Arteria femoralis, an der Innenseite des Oberschenkels. Bei der Messung wird die A. femoralis mit zwei bis drei Fingern vorsichtig komprimiert.

Neben der Pulsfrequenz:

70–100/min	große Rassen
80–130/min	mittlere Rassen
100–150/min	kleine Rassen

wird
- die Qualität,
- der Rhythmus,
- die Gleichmäßigkeit,
- die Spannung und Füllung
  des Gefäßes beurteilt.

Kapilläre Rückfüllungszeit

Ebenfalls eine indirekte Überprüfung der Herzleistung ist die Messung der »Kapillaren Rückfüllungszeit« (KRZ). Sie wird per Daumendruck am unpigmentierten Zahnfleisch bestimmt. Das Zahnfleisch ist ein sehr gut durchblutetes Gewebe, ein feines Geflecht von kleinen Äderchen, den Kapillaren.

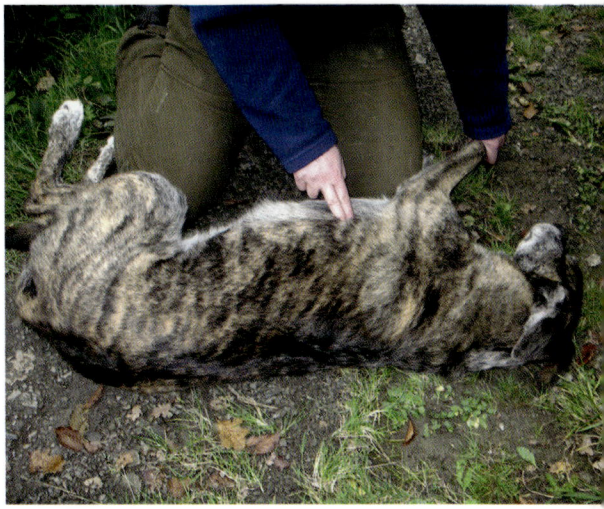

■ *Kontrolle des Herzens durch Erfühlen des Herzspitzenstoß.*

Es wird für einige Sekunden mit den Fingerkuppen Druck auf das Zahnfleisch ausgeübt. Hierdurch wird das Blut an dieser Stelle aus den ganz feinen Gefäßen herausgedrückt. Nach dem Loslassen darf, bei einem intakten Kreislauf, maximal ein bis zwei Sekunden diese Zahnfleischstelle weiß – blutleer erscheinen. Danach muss sich das Gewebe wieder mit Blut füllen und die gesunde rosa Farbe annehmen. Eine verzögerte/verlängerte KRZ signalisiert ein Herz-Kreislaufproblem, ein relativ oder absolut erniedrigtes Blutvolumen.

Wenn Sie durch die Untersuchung des bewusstlosen Tieres keine Herzaktion feststellen, muss sofort gehandelt werden.

■ *Pulskontrolle*

S – Schleimhäute
Der Blutkreislauf

Zur Aufrechterhaltung der Herz-Kreislauf-Funktion des Körpers wird ein bestimmtes Blutvolumen benötigt.

Die Zusammensetzung des Blutes wird trotz zahlreicher Stoffwechsel- und Austauschprozesse konstant gehalten. Einfach gesagt, ist das Blut eine Suspension von Blutzellen in der Blutflüssigkeit. Ein wichtiger Bestandteil des Blutes sind die roten Blutkörperchen, die Erythrozyten, die den roten Blutfarbstoff Hämoglobin enthalten. An diesem dockt sich der in der Lunge aufgenommene Sauerstoff und reist so durch den ganzen Körper in alle Gewebe.

Die verschiedenen weißen Blutzellen (Leukozyten) bilden einen Teil der Körperabwehr. Eine weitere wichtige Zellart sind die Blutblättchen (Thrombozyten), die an der Blutgerinnung beteiligt sind. Der flüssige Be-

standteil, das Blutplasma, ist dafür zuständig, dass sich die Zellen gleichmäßig verteilen und »fließfähig« werden. Das Verhältnis von Blutzellen zur Blutflüssigkeit liegt bei einem gesunden Hund bei 44–52%. Diesen Wert nennt man **Hämatokrit**. Das Blut besteht

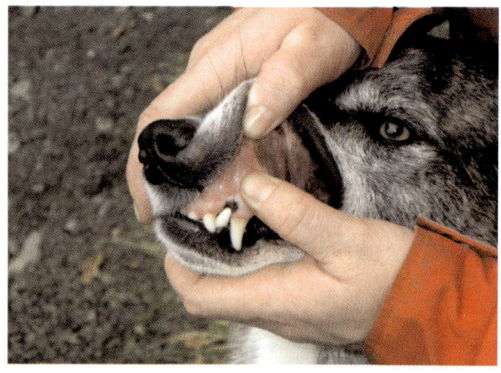

■ *Zur Messung der Kapillären Rückfüllungszeit (KFZ) den Daumen einige Sekunden fest auf das Zahnfleisch drücken …*

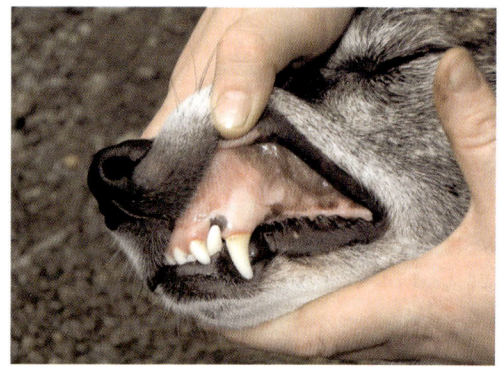

■ *… und loslassen! Wie schnell wird die Stelle wieder rosa?*

also fast zur Hälfte aus Zellen. Nur in dieser Zusammensetzung ist es »dünn« genug, um durch alle kleinen Kapillaren zu fließen, aber auch »dick« genug, um die verschiedenen Aufgaben (zum Beispiel Sauerstofftransport) zu erfüllen.

Das sensible System kann durch verschiedene körperliche Probleme, zum Beispiel einen Blutverlust, aus dem Gleichgewicht gebracht werden, so dass der Körper mit verschiedenen Gegenmaßnahmen reagiert. Da die Schleimhaut ein sehr stark durchblutetes Gewebe ist, das auf jegliche Kreislaufbelastung recht schnell reagiert, ist ein kontrollierender Blick auf die Schleimhäute in der Notfallmedizin sehr wichtig.

Das Gesamtblutvolumen der Hunde beträgt 75(–90)ml/kg Körpergewicht (KGW) – das heißt, ein Hund von einem Körpergewicht von ca. 20 kg hat etwa 1,5 Liter Blut.

Funktion des Blutkreislaufs

- Transport von Sauerstoff, Hormonen u.a. durch den Körper
- Abtransport von Stoffwechsel- endprodukten
- Wärmetransport durch Blutzirkulation

Kontrollmöglichkeit des Blutkreislaufs

Äußerlich »untersuchbare« Schleim- häute:

- Maulschleimhäute – Zahnfleisch, Lefzeninnenseite, Zunge

- Konjunktiven = Augenschleimhäute
- Penis-Schleimhaut – Penis ausschachten
- Vulva-Schleimhaut – Vulva öffnen/spreizen
- Darmschleimhaut – am Rektum (begrenzt)

Physiologische Schleimhäute bei einem gesunden Hund sind:

- Rosa bzw. blassrosa
- Leicht feucht
- Glatt, ohne Auflagerungen
- Glänzend

Veränderte Schleimhäute

- Weiße Schleimhäute = deutliche Kreislauf- probleme, zum Beispiel Schock, starke Blu- tungen. Der Hund ist schwer krank – akute Lebensgefahr wahrscheinlich!
- Gelbe Schleimhäute = Lebererkrankung, Zerfall von roten Blutkörperchen. Der Hund ist schwer krank, Lebensgefahr möglich – aber nicht unbedingt akut!
- Stark rote Schleimhäute = bei Fieber und Entzündungen, aber auch bei Überhitzung oder Vergiftung. Der Hund kann schwer krank sein – Temperatur messen!
- Trockene Schleimhäute = bei Austrock- nung (Durchfall, Nierenleiden), bei Vergif- tung (Atropin), hohem Fieber
- sehr feuchte Schleimhäute/starke Speiche- lung = bei Vergiftung, Fremdkörper in der Maulhöhle, bei Erbrechen, bei Entzündungen in der Maulhöhle.

Empfindet der Hund all diese Untersuchun- gen als normal oder als notwendiges Übel,

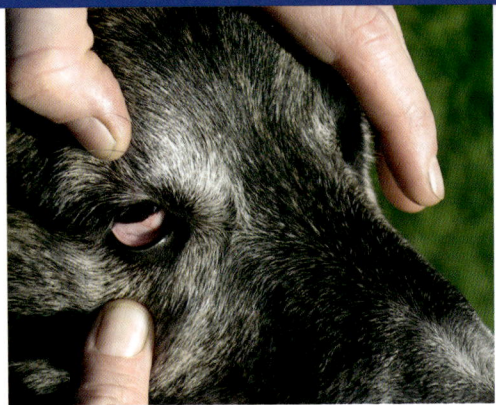

■ *Die Augengefäße sollten fein gezeichnet, aber deutlich zu sehen sein.*

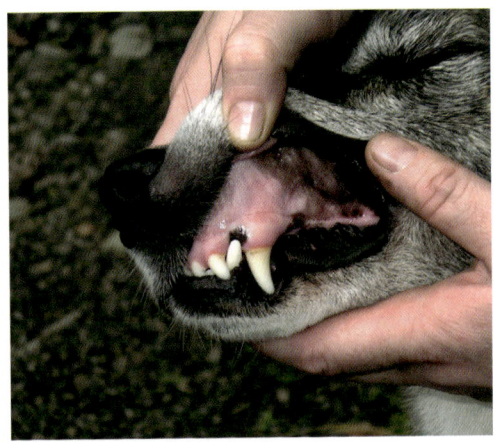

■ *Die Maulschleimhaut sollte rosa, leicht feucht, glatt, glänzend und ohne Auflagerungen sein.*

kann man im Falle eines Falles mit einem wesentlich kooperativeren Hund rechnen. Denn ein Problem bei der Untersuchung des kranken Hundes ist, neben der eigentlichen Erkrankung, dass der Hund die Untersuchung als Bedrohung empfindet und sich zum Teil entsprechend wehrt.

Anatomische und physiologische Besonderheiten

Beim Hund haben wir, wie bei kaum einer anderen Haustierart, eine sehr große Variabilität in Größe und Aussehen. So gibt es verschiedene Zwerg- und Toyrassen, die unter einem Kilogramm wiegen. Und im Gegenzug gibt es diverse Riesenrassen, die zum Teil ein Gewicht von über 80 kg erreichen.

Die Sinnesorgane
Das Auge

Der Hund als Beutejäger, hat recht weit nach vorne gerichtete Augen. Dies ermöglicht ihm die Fähigkeit des räumlichen Sehens, welches für einen Jäger sehr wichtig ist. Im Vergleich zu dem Flucht- und Steppentier Pferd, ist der Bereich des binokularen Sehens, beim Hund mit 60° wesentlich größer. Das seitliche Sehfeld mit 240°–290° ist bei der Jagd sehr hilfreich, aber im Gegensatz zum Fluchttier Pferd (360°) nicht so wichtig und darum kleiner als bei diesem. Hunde können Bewegungen, besonders bei schlechten Lichtverhältnissen, besser erkennen, als der Mensch. Die Schärfentiefe, das Nahsehen und auch das Farbensehen sind dafür dem des Menschen unterlegen.

Die **Augenhöhle** (Orbita) im knöchernen Schädel ist mit Fett ausgepolstert, in ihr liegt

1

der Augapfel recht geschützt. Das Auge des Hundes besteht aus verschiedenen Strukturen. Das zentrale Organ ist der **Augapfel** (Bulbus) mit Sehnerv und Muskulatur. Der Augapfel ist von der Form nahezu kugelförmig und wird von einer dreischichtigen Augenhaut begrenzt.

Der durchsichtige, frontale Teil der Augenhaut ist die **Hornhaut** (Cornea), sie geht über in die **Sklera**, die weiße Augenhaut, die mit feinen Gefäßen durchzogen ist. Nachdem das Licht durch die Hornhaut gedrungen ist, fällt es durch die flüssigkeitsgefüllte **vordere Augenkammer**. Die **Iris** trennt die vordere von der hinteren Augenkammer und bestimmt durch die Öffnungsgröße – ähnlich, wie die Blende beim Fotoapparat, wie viel Licht weiter ins hintere Auge fällt. Bei ausreichend Licht verengt sich die Iris, während sie sich bei Dunkelheit weit stellt, damit möglichst viel Restlicht ins Auge fällt.

Die **hintere Augenkammer** besteht nur aus dem kleinen Bereich zwischen Irishinterfläche und der Linse. Auch die **Linse** des Hundeauges, ist denen von optischen Geräten ähnlich. Der Lichtstrahl wird von ihr gebündelt und tritt so in den **Glaskörper**, eine gallertartige, glasklare Masse, die den Raum zwischen Linse und Netzhaut ausfüllt.

Die **Netzhaut** (Retina), der Augenhintergrund, ist die innere Schicht der dreischichtigen Augenhaut, der die Sinneszellen (Stäbchen und Zäpfchen) trägt. Sie ist so gebaut, dass das Licht durch sie, bis auf die mittlere

■ *Die Augen des Hundes liegen recht weit nach vorne, dies ermöglicht ein gutes räumliches Sehen in einem frontalen Winkel von 60°.*

Schicht, durchfällt. Die mittlere Schicht der Augenhaut ist die **Aderhaut**, in der die Fasern so angeordnet sind, dass sie das auftreffende Licht in die Einzelkomponenten zerlegen und reflektieren (Tapetum lucidum), um dann von den Sinneszellen aufgenommen zu werden. Im Dunkeln, bei weit geöffneter Iris, kann diese Lichtreflexion als »Leuchten der Augen« beobachtet werden. Der Sehnerv leitet dann die Lichtimpulse als elektrische Signale zum Gehirn, wo sie weiter verarbeitet werden.

Weitere wichtige Strukturen sind die **Augenlider** und der Tränenapparat. Eine Schutzfunktion haben die Augenlider, die den Augapfel vor mechanischer, chemischer, optischer aber auch thermischer Schädigung bewahren soll. Die **Wimpern** an den Li-

1

dern sind als besonders empfindliche Tasthaare zu sehen, lösen sie doch schon bei leichter Berührung oder einem plötzlichen Windzug ein Schließen des Auges aus.

Im nasalen Augenwinkel ist das **dritte Augenlid** (Nickhaut) in der Regel zu erkennen. Dieses Zusatzlid kann in verschiedenen Situationen, als weiterer Schutz, durch einen eigenen Muskel über den Bulbus gezogen werden.

Der **Tränenapparat** hält durch einen ständigen Tränenfluss die Hornhaut feucht und sorgt, ähnlich wie die Scheibenwaschanlage beim Auto, für ein problemloses Abschwemmen von Staubkörnern und anderen kleinen Fremdkörpern.

Die in den Tränendrüsen ständig nachgebildete Flüssigkeit wird, genauso konsequent durch den Tränennasenkanal vom Auge zur Nase wieder abgeleitet.

Die **Augenmuskulatur** kann das Auge in der Orbita eigenständig bewegen, so dass sich bei leichter Veränderung des Sichtfeldes nicht der ganze Kopf bewegen muss.

Funktion des Auges
- Verarbeitung von Licht bestimmter Wellenlänge
- Stäbchen – Schwarz-Weiß-Sehen
- Zapfen – Farbsehen

Das Ohr
Bei unseren Hunden besteht das Hörorgan aus dem äußeren Ohr mit der sehr variablen,

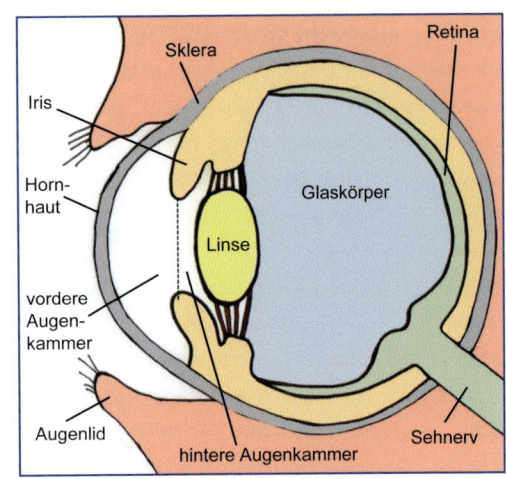

■ *Schematische Darstellung eines Auges im Querschnitt.*

rassespezifischen Ohrmuschel, welche zur besseren Kommunikation auch beweglich ist, dem Gehörgang, dem Mittelohr und dem Innenohr.

Der Gehörsinn des Hundes ist wesentlich empfindlicher als der menschliche. So können Hunde Geräusche aus einer viermal größeren Entfernung hören und in ca. 0,06 Sekunden lokalisieren. Während der Mensch in einem Frequenzbereich von 20–20.000 Hz hört, kann der Hund Geräusche bis 50.000 Hz wahrnehmen.

Es gibt kaum eine Tierart, bei der das **äußere Ohr** so vielgestaltig ist, wie bei unseren Hunden. Die Ohrmuschel hat die Funktion, dass es den Schall, wie ein Trichter auffangen soll. Obwohl für diese Aufgabe die stehende Ohrmuschel sicher am optimalsten ist, hat sich bei unseren Hunden neben den Steh- und Steh-Kipp-Ohren eine große Variabilität an Hängeohrmuscheln entwickelt.

Der vom äußeren Ohr aufgefange Schall wird vom **Gehörgang** zum Trommelfell geleitet. So besteht der Gehörgang erst aus einem fast senkrecht verlaufenden Teil, der dann in einem scharfen Knick nahezu waagerecht auf das Trommelfell zuläuft.

Das **Mittelohr**, die Paukenhöhle mit ihren drei gelenkig verbundenen Gehörknöchelchen, ist funktionell ein Schalldruckverstärker und wird vom Trommelfell nach außen begrenzt. Die ankommenden Schallwellen versetzen das Trommelfell in Schwingung. Diese Schwingung wird vom Hammer, der in das Trommelfell eingelassen ist, über den Amboss und Steigbügel an das ovale Fenster übertragen.

Zum Druckausgleich ist die Paukenhöhle durch einen kleinen Gang, der Eustachischen Röhre, mit dem Rachen verbunden.

Im **Innenohr** findet dann die Umwandlung von mechanischen Schallwellen in elektrische Signale statt, die dann zum Gehirn gesendet werden. Am ovalen Fenster stoßen die Schallwellen auf die flüssigkeitsgefüllte Schnecke (Cochlea), dem Cortischen Organ. Der mit ihren Haarsinneszellen besetzte knöcherne Kanal zieht sich in ca. 2,5 Windungen, ähnlich einem Schneckenhaus. Dieser feine, hochspezielle Aufbau dieses biologischen Transduktors, kann trotzdem nicht verhindern, dass 98 % der mechanischen

■ Unterschiedliche Ohren: ein geflecktes Kippohr und ein braunes Faltohr – der besondere Charme dieses Hundes.

Schallenergie, beim Übertritt in die Flüssigkeitssäule verloren gehen. Dies kompensiert den Verstärkungsfaktor des Mittelohres nahezu komplett.

Funktion des Ohres
- Verarbeitung von Schallwellen (Hören)
- Sitz des Gleichgewichtsorganes

Der Geruch
Die Atemluft wird durch die Nasenöffnung in die übereinander liegenden, stark gegliederten und mit Schleimhaut ausgekleideten Nasenmuscheln geleitet. Bei ruhiger Atmung zieht der Luftstrom durch den unteren Bereich, den Atmungsteil der Nasenhöhlen, so dass nur etwa 2 % der in der Luft enthaltenden Geruchspartikel die Sinneszellen erreichen.

Erst beim intensiven Riechen/Schnüffeln erreichen größere Mengen der Duftstoffe den

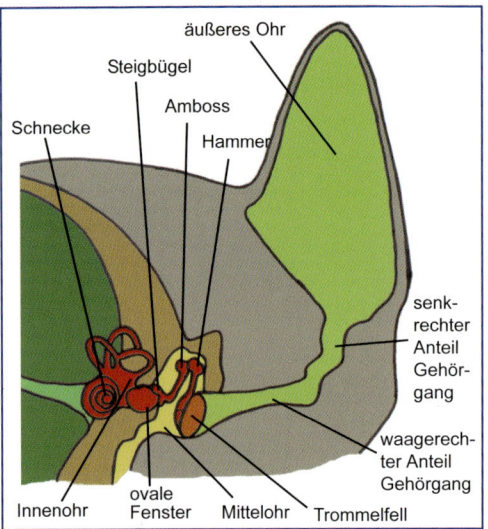

äußeres Ohr
Steigbügel
Amboss
Schnecke
Hammer
senkrechter Anteil Gehörgang
waagerechter Anteil Gehörgang
Innenohr
ovale Fenster
Mittelohr
Trommelfell

■ *Schematische Darstellung des Gehörganges und der Gehörknöchelchen.*

oberen Bereich der Nasenhöhle. Der obere Riechgang bildet durch die zahlreichen kleineren Siebbeinmuscheln, das Siebbeinlabyrinth. Diese stark vergrößerte Oberfläche der Riechschleimhaut ist bedeckt mit Sinneszellen, die auf Geruchsstoffe reagieren. Diese Sinneszellen sind spezialisierte Nervenzellen, die mit sechs bis acht Sinneshärchen an die Schleimhautoberfläche treten. Die Nasenschleimhaut besitzt, abhängig von Rasse und Schnauzenlänge des Hundes, zum Teil mehr als 220 Millionen Riechsinneszellen. Der Geruchsinn ist bei unseren Hunden der am besten entwickelte Sinn.

Anatomie und Physiologie der Haut und Haare
Die Haut
Die Haut ist auch beim Hund das größte Organ, welches die äußere Oberfläche des Körpers komplett bedeckt. An den Körperöffnungen geht die Außenhaut nahtlos in die etwas empfindlichere innere Schleimhaut über. Die Haut ist für alle zugänglich und daher recht einfach zu untersuchen. Eine gesunde Haut ist blass rosa (oder pigmentiert, elastisch (aufgezogene Hautfalten verstreichen sofort), warm und frei von Auflagerungen bzw. Verletzungen.

● Die äußere Haut gliedert sich in mehrere Schichten. Die **Oberhaut** – die Epidermis – ist frei von Blutgefäßen und besteht aus einem mehrschichtigen, verhornenden Plattenepithel.

● Direkt darunter liegt die bindegewebige **Lederhaut** – das Corium – in ihr liegen Haare, Blutgefäße, Schweiß- und Talgdrüsen u.a.

● Die **Unterhaut** – die Subcutis – ist ein sehr lockeres Bindegewebe, es enthält oft Fettzellen und dient als »Verschiebeschicht«. Die größeren Blutgefäße verlaufen in der Unterhaut und zweigen von hier in die Lederhaut ab.

Die Haut ist hoch sensibel und empfindlich, darum ist, wie auch beim Menschen, eine Grundvoraussetzung für eine gesunde Haut, eine vernünftige Ernährung. Starke Schuppungen, starker Haarausfall und Juckreiz

■ *Das Werkzeug für die Nasenarbeit – Hunde erforschen ihre Welt mit der Nase – der Geruch ist der wichtigste Sinn.*

können Anzeichen für verschiedene Erkrankungen sein, aber auch einfach nur Folge einer fehlerhaften Fütterung. Der Spruch »Gesunde Haut – gesundes Fell« hat somit seine Berechtigung.

Die gesunde Haut schützt den Hundekörper vor äußeren, schädlichen Einflüssen. So ist sie befähigt, das Eindringen von Krankheitskeimen in den Organismus zu verhindern und trotzdem den Austausch von Stoffen zu gewährleisten. Andererseits ist die Haut auch beim Hund ein wichtiges Sinnesorgan. Neben der Empfindung für Schmerz, ist die Haut in der Lage, Druck, Berührung, Vibration und Temperatur zu registrieren.

Auch an der Konstanterhaltung der Körpertemperatur ist die Haut beteiligt. Denn die Haut besitzt ein sehr dichtes Blutgefäßnetz, mehr als es zur Ernährung der Haut erfor-

derlich wäre. Durch Weitstellung dieser Gefäße ist der Körper in der Lage, Wärme aus dem Blut an die Umgebung mittels Konvektion abzugeben.

Funktionen Haut
- Thermoregulation
- Ausscheidungsorgan
- Sinnesorgan
- Mechanischer Schutz
- Speicher für Fett und Elektrolyten

Das Fell
Auch das Fell unserer Hunde hat verschiedene Aufgaben zu erfüllen, daher gibt es zahlreiche Fellvarianten. Ein Teil der Hunderassen besitzt neben dem Deckhaar auch eine Unterwolle, die kürzer und weicher ist und zusätzlich vor Witterungseinflüssen und Wasser schützt. Eine der wichtigsten Funktionen des Felles ist sicherlich die Thermoregulation. Das Fell legt eine isolierende Schale aus ruhender Luft um die Haut. Luft hat eine sehr niedrige Wärmeleitfähigkeit und isoliert daher sehr gut. Vor allem durch zunehmenden Wind wird diese Schale aus ruhender Luft zwischen den Haaren immer mehr zerstört. Eine Brise mit einer Geschwindigkeit von 7.5 m/s, die im rechten Winkel auf das Fell trifft, verdoppelt die Wärmeabgabe. Regnet es zudem, kann die Situation schon mal kritisch werden.

Eine weitere Thermoregulationsmöglichkeit ist die Anpassung des Fells durch Haarbewe-

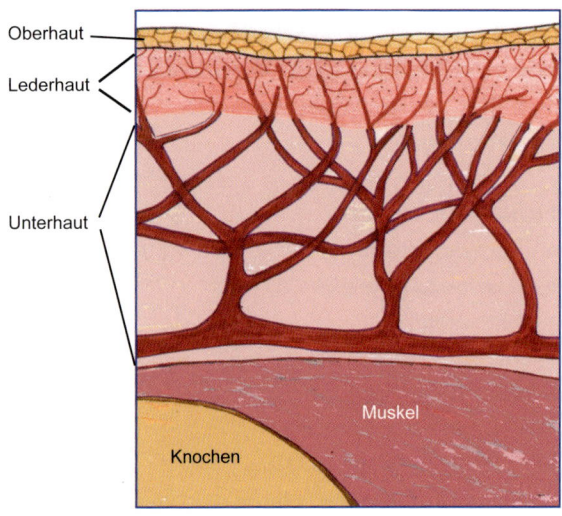

Oberhaut

Lederhaut

Unterhaut

Muskel

Knochen

Schematische Darstellung eines Querschnittes der Haut.

gung (Pilomotorik). Sie ist zwar nur in engen Grenzen möglich, doch durchaus effektiv. Dabei werden die Haare aufgerichtet, gesträubt, welches einer dickeren Luftschicht Platz schafft.

Im Sommer erschwert ein dickes Fell die Wärmeabgabe. Der Fellwechsel ist also ein wichtiger Mechanismus, der dieser Situation Rechnung trägt. Das Sommerfell ist nicht nur deutlich dünner, sondern in der Regel auch heller, wodurch ein Teil der kurzwelligen Strahlung reflektiert wird.

Funktionen des Felles

- Thermoregulation
- Mechanischer Schutz

Die Thermoregulation

Mechanismen zur Thermoregulation werden aktiv, sobald der Körpertemperatur-Istwert deutlich vom Sollwert abweicht.

Unterkühlung

Sinkt die Körpertemperatur, wird durch Erhöhung der Wärmeproduktion im Stoffwechsel und durch Verminderung des Wärmeabtransports vom Körper gegenreguliert. Eine Temperaturerhöhung durch Erhöhung des Muskelstoffwechsels kann durch aktive, willkürliche Bewegung des Hundes erfolgen. Hat der Hund keine Möglichkeit, sich zu bewegen, reagiert der Körper mit einer Stoffwechselsteigerung durch unwillkürliche (nicht willentlich) Muskelkontraktionen, dem Kältezittern, und erreicht damit die notwendige Wärmeproduktion.

Der Abtransport von Wärme wird in erster Linie über die Durchblutung der Haut gesteuert. Soll der Körper nicht weiter Wärme verlieren, werden die peripheren, oberflächlichen Gefäße eng gestellt, so dass weniger Blut in den Hautgefäßen fließt. Eine weitere Reaktion des Körpers ist die Pilomotorik, die einer isolierenden Luftschicht um den Körper Platz schafft – der Körperkern bleibt länger warm.

Überhitzung

Hunde sind für eine Überhitzung wesentlich anfälliger als Menschen, da einige Mechanismen wenig adaptiert sind. Zum Beispiel haben Hunde so gut wie keine Schweißdrüsen. Die wenigen, die sie besitzen, befinden sich an den Pfoten im Ballenzwischenbereich und sind zur Thermoregulation wenig zu gebrauchen.

Hohe Umgebungstemperaturen, körperliche Aktivität oder eine allgemeine Stoffwechselsteigerung können zu einem Temperaturanstieg führen, durch welche der Körper recht schnell mit Gegenmaßnahmen reagieren muss, um die Temperatur in den erforderlichen engen Grenzen zu halten.

Dem Hund stehen hier verschiedene Möglichkeiten zur Verfügung, die auch in Kombination genutzt werden. Dies fördert die Effektivität, denn die Gesamtwärmeabgabe ist gleich der Summe der einzelnen Komponenten.

Es gibt folgende Möglichkeiten:
- Verdunstung – beim Hund nur über Hecheln
- Konvektion – mitführen von Körperwärme durch die Luftbewegung
- Wärmeleitung – durch direkten Kontakt zu kühleren Untergründen wird Wärme abgeleitet
- Wärmestrahlung – Abgabe von Wärme an die Umgebung

Das Ableiten (**Konvektion**) von Wärme ist durch das Fell für Hunde schwer – je dicker, umso schwerer. Erst durch stärkere Luftbewegungen findet ein nennenswerter Austausch statt.

Das Weitstellen der Hautgefäße verstärkt die Abgabe von Körperwärme an die Umgebung. Durch einen direkten Kontakt zu kühlen Untergründen findet eine **Wärmeableitung** statt, die aber auch durch ein dichtes Fell stark abgeschwächt wird.

Am wirkungsvollsten wird eine Abkühlung durch die Verdunstungskälte erreicht, die beim Hund, anders als beim Menschen, vorwiegend über die **Verdunstung** von Speichel im Bereich der oberen Atemwege absolviert wird. Das Hecheln bewirkt einen stärkeren Luftaustausch, die Verdunstung findet nicht nur im Maulbereich, sondern auch in der Luftröhre und den oberen Bronchien statt. Dieser Bereich wird als anatomischer »Totraum« bezeichnet, in dem kein Gasaustausch stattfindet und für die Atmung also nutzlos ist. Diese Vergrößerung der Oberfläche bewirkt eine bessere Verduns-

■ *Ein gemeinsames Spiel im Wasser – im Sommer die schönste Art der Abkühlung.*

1

tungsrate und damit eine höhere Effektivität. Die durch das Hecheln entstehenden Flüssigkeitsverluste werden leicht unterschätzt, treten sie doch beim hechelnden Hund nicht so offen zu Tage, wie beim nass geschwitzten Menschen.

Das Verdauungssystem
Die Maulhöhle

Das Verdauungssystem beginnt in der Maulhöhle, die je nach Hunderasse in Form und Größe erhebliche Unterschiede aufweisen kann. Dort findet eine grobe Zerkleinerung der Nahrung mit den Zähnen statt. Der Hund schlingt sein Essen.

Kleine Bröckchen werden wenig bis gar nicht gekaut. Durchschnittlich hat ein Hund im Milchzahngebiss 28 Zähne und im permanenten Gebiss 42. Alle haben ein unterschiedliches Aussehen und eine unterschiedliche Funktion.

Schneidezähne (I = Incisivi)
Mit den Schneidezähnen werden kleine Fleisch- und Sehnenreste vom Knochen abgenagt. Es sind je sechs in Ober- und Unterkiefer, frisch gewechselt, oder ohne Abnutzung erinnert die Form der Schneidezähne an Tulpenkelche.

Fang- oder Eckzähne (C = Canini)
Die Canini sind die längsten Zähne im Kiefer. Ihre Funktion ist es, sich tief in die Beute zu schlagen und sie festzuhalten.

Backenzähne (P = Prämolare = Vordere Backenzähne und M = Molare = Hintere Backenzähne)
Gerade die hinteren Backenzähne dienen dem Abbeißen und Zerkleinern von größeren Fleischstücken. Auffallend ist der erste Hintere Backenzahn (M1). Er ist der jeweils größte Zahn im Ober- und Unterkiefer. Der Hund kann mit ihnen Fleischteile fixieren und mit einer Kopfbewegung abreißen. Der M1 wird daher auch Reißzahn genannt.

Die Nahrung wird dann mit der Zunge in den Mundrachen (Pharynx) befördert. Der komplexe Schluckreflex wird über Rezeptoren ausgelöst. Der Kehlkopf, der Eingang zur Luftröhre, wird durch das Auflegen des Kehldeckels verschlossen. So kann die Nahrung weiter in die Speiseröhre gleiten.

Die Speiseröhre

Die Speiseröhre (Oesophagus) des Hundes ist ein dehnbarer Muskelschlauch, der die

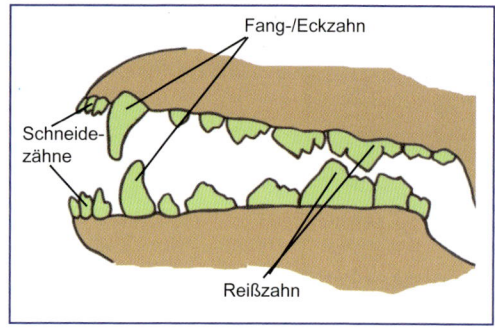

■ *Schematische Darstellung des Zahnschemas*

Verbindung zwischen Maul und Magen herstellt. Sie liegt über oder neben der Luftröhre und befördert Objekte verschiedenster Größe in Richtung Magen. Eine erste Engstelle gibt es am Brusteingang, durch den knöchernen Brustkorb. Weiter zieht die Speiseröhre zwischen den Lungenhälften mittig durch den Brustkorb am Herzen vorbei. Eine weitere Engstelle ergibt sich am Zwerchfelldurchtritt. Wenn sie dann im Bauchraum den Magen erreicht, hat sie ihre Aufgabe erfüllt. Beachtenswert sind die Engstellen, weil sich hier schon mal größere Fremdkörper festsetzen können.

Der Magen

Der Magen hat die Aufgabe, die ihm zugeführte Nahrung zu speichern und chemisch weiter zu verdauen. Der Hund besitzt einen so genannten einhöhligen Magen, der die Form eines gekrümmten Sackes hat. Die Ernährungsweise der früheren Caniden hat eine Magenaufhängung bevorzugt, die es dem Magen möglich macht, sich um ein Vielfaches zu dehnen. Dieser Vorteil, für die wilden Caniden, gibt dem Magen aber auch den Spielraum, sich zu verdrehen. Unsere Hunde werden täglich gefüttert, sind also nicht mehr darauf angewiesen, mit einer Mahlzeit eine große Menge aufnehmen zu müssen. Die Magendrehung ist heute eine Erkrankung, die bei unseren großen Hunden viele Probleme macht und unbehandelt immer zum Tode führt.

Durch die Tätigkeit der Magenmuskulatur wird der angedaute Speisebrei, schubweise portioniert, durch den am Magenausgang befindlichen Schließmuskel, den Magenpförtner (Pylorus) in den Darm befördert.

Der Darm

Die Länge des Darmes beim Hund variiert stark, je nach Größe des Hundes zwischen zwei und sieben Metern (Durchschnittlich das Fünffache der Körperlänge). Der Darm gliedert sich anatomisch in verschiedene Abschnitte:

● Der Dünndarm besteht aus dem Zwölffingerdarm (Duodenum), dem Leerdarm (Jejunum) und dem Hüftdarm (Ileum). Die Dünndarmschleimhaut besitzt zur Oberflächenvergrößerung neben den Schleimhautfalten auch Schleimhautzotten und Mikrovilli. Im Duodenum werden dem Darminhalt zur weiteren Verarbeitung Enzyme (Bauchspeicheldrüse) und Galle (Leber) zugeführt. Das Jejunum hat vor allem die Aufgabe, die aufgeschlossenen Nahrungsbestandteile zu resorbieren. Das Ileum dagegen ist die Schleuse zwischen Dünn- und Dickdarm. Er verhindert, dass der bakterienreiche Dickdarminhalt in den Dünndarm fließt.
● Der Dickdarm besteht aus Blinddarm (Caecum), Grimmdarm (Colon) und Mastdarm (Rectum). Hier findet die Resorption von Wasser, wasserlöslichen Vitaminen und essentiellen Fettsäuren statt. Die Dickdarmschleimhautoberfläche enthält massenhaft

1

Becherzellen, die viel Schleim produzieren, damit der eingedickte Kot besser gleiten kann.

Der After

Der After (Anus) ist das Ende des Darmrohres und sorgt für den Verschluss des Darmes nach außen.

Funktionen des Magen-Darmtraktes

- Aufnahme und Verarbeitung von Nahrung
- Resorption von Nährstoffen

Der Wasserhaushalt
Wasserbilanz

Alle Lebensvorgänge auf molekularer Ebene spielen sich in wässrigen Lösungen ab. Jeder Organismus besteht zu einem hohen Prozentsatz aus Wasser. Je nach Alter und Ernährungszustand schwankt der Anteil zwischen 45–75 %.

Organe und Gewebe können ihre physiologische Funktion nur erbringen, wenn das sie umgebende wässrige Milieu (Menge, Konzentration) weitgehend konstant gehalten wird. Der Körper verliert ständig Wasser über verschiedene Wege, so dass er regelmäßig wieder Wasser aufnehmen muss.

Wasserverluste finden statt durch:

- Verdunstung über die Haut
- Verdunstung über die Atemwege
- Ausscheidung über Urin
- Wassergehalt im Kot
- Wassergehalt der Milch (säugende Hündin)

Durch Verdunstung über die intakte **Haut** wird auch beim Hund kontinuierlich, wenn auch nur im geringen Umfang, Wasser an die Umgebung abgegeben. Ebenfalls sehr niedrig sind die Wasserverluste mit dem **Kot**, solange dieser seine physiologische feste Form hat.

Anders sieht es bei Durchfall aus. Hier können die Flüssigkeitsverluste massiv ansteigen. Die Verluste über die **Atemwege** sind beim Hund, je nach Umgebungstemperatur, Arbeitsleistung und Luftfeuchtigkeit, deutlich oder sogar massiv. Beginnt der Hund zu hecheln, begrenzt sich die Verdunstung nicht mehr nur auf die Maulhöhle, sondern auch auf die Luftröhre und den Bereich der oberen Bronchien. Durch die Vergrößerung der Schleimhautoberfläche erhöht sich die Wasserverdunstung enorm und muss dementsprechend vom Körper immer wieder schnell aufgenommen werden.

Die meisten Hundebesitzer berücksichtigen dies im Sommer. Bei warmem Wetter wird dem Hund in der Regel – während der Arbeit oder bei Spaziergängen – häufig genug Wasser angeboten, um den Durst zu stillen, die Wasserverluste auszugleichen.

Im Winter, bei kaltem Wetter, wird dies aber oft nicht für nötig gehalten. Dies ist jedoch ein Irrtum! Gerade bei starkem Frost bzw. trockenem kaltem Wetter verliert der Hund beim Hecheln (in der Arbeit/bei Bewegung) ähnlich viel Flüssigkeit wie im Sommer.

1

Die kalte trockene Umgebungsluft »saugt« die Feuchtigkeit regelrecht auf. Wasser verdunstet auch dann noch, wenn die Lufttemperatur unter Null Grad liegt. Fängt der Hund also an Schnee zu fressen, ist dies keine Unart oder Übermut, sondern oft »echter Durst«!

Anders ist die Wasserausscheidung mit dem **Urin**. Hier reguliert die gesunde Niere, wie viel Wasser ausgeschieden wird. Trinkt der Hund viel oder nimmt er noch zusätzlich viel Wasser mit der Nahrung auf, kann die Niere das Zuviel an Wasser ausscheiden. Der Urin bekommt eine wässrige, nur noch schwach gelbe Farbe.

Steht dem Körper nicht ausreichend Wasser zur Verfügung, scheidet die Niere weniger Wasser aus und der Urin wird intensiv gelb. Jedoch kann die Wasserausscheidung über die Niere nicht ganz ausgesetzt werden, ein Mindestumsatz muss aufrechterhalten werden, um das Organ vor Schaden zu bewahren.

Starke Wasserverluste sind also beim stark hechelnden Hund und bei schwerem Durchfall zu erwarten Die Wasserverluste und die Wasseraufnahme müssen sich ausgleichen.

Die hauptsächlichen Wege der Wasseraufnahme sind:

- die Aufnahme von Trinkwasser
- die Aufnahme von Wasser mit der Nahrung
- die Verwertung von Oxidationswasser (aus der Nahrung)

Der Grundbedarf an Wasser ist 50–70ml/kg Körpergewicht. Natürlich variiert der Bedarf durch verschiedene umweltbedingte und innere Faktoren.

Kontrolle des Wasserhaushaltes

Die Austrocknung des Körpers, lässt sich am einfachsten an der Elastizität der Haut überprüfen. Dafür nimmt man zwischen Daumen und Zeigefinger eine Hautfalte und zieht sie einige Zentimeter hoch. Unter normalen Bedingungen glättet sich die Haut sofort wieder nach dem Loslassen. Ist der Hund ausgetrocknet, fühlt sich die Haut derbteigig an und die aufgezogene Hautfalte bleibt für einige Sekunden (bei starker Austrocknung Minuten) stehen.

Der Bewegungsapparat
Was ist der Bewegungsapparat?

Unter diesem Begriff werden alle Strukturen zusammengefasst, die dem Körper die charakteristische Form und Stabilität verleihen, und ihm die Möglichkeit geben, sich arttypischer Weise zu bewegen. Zur einfacheren Erklärung kann hier eine erste Unterteilung vorgenommen werden:

Der **passive Teil** besteht aus dem knöchernen Skelett, welches vor allem die äußere Erscheinung, die Körperproportionen bestimmt. Er schafft durch die Ausbildung beweglicher Verbindungen, der Gelenke, die Voraussetzung für das Zustandekommen von Bewegung, in dem es zugleich dem Ansatz der Skelettmuskulatur, dem **aktiven Teil** des Bewegungsapparates dient.

Der passive Bewegungsapparat

Der knöcherne Teil des Bewegungsapparates setzt sich bei höheren Wirbeltieren aus vielen einzelnen Knochen zusammen, die sich in folgende Funktionseinheiten gliedern:
- den Knochen der Vordergliedmaße
- den Knochen der Hintergliedmaße
- der Wirbelsäule

Der Knochen ist nach dem Zahnschmelz, dank der Einlagerung von verschiedenen Mineralstoffen, die festeste Substanz des Körpers. Das Knochengewebe entwickelt sich während der Ontogenese (Entwicklung des Individuums) umfassend. Es formt sich nach seiner Funktion.

Das Wachstum des jugendlichen Körpers ist in erster Linie ein Längenwachstum der Knochen. Dieses Längenwachstum findet an speziellen Bereichen des Knochens statt, den Wachstumszonen. Die meisten Röhrenknochen des Skelettes bestehen während des Wachstums nicht aus »einem Stück«, sondern aus mehreren Knochenkernen, die beim Längenwachstum aufeinander zuwachsen.

Man unterscheidet den Schaft (Diaphyse) und meist zwei Endstücke (Epiphysen). An größeren Knochen haben auch ausgeprägte Knochenfortsätze ihren eigenen Knochenkern (Apophyse). Während des Wachstums wachsen diese Knochenkerne aufeinanderzu,

bis nur noch eine dünne Fuge, die Wachstumsfuge (Epiphysenfuge), sie von einander trennt. Die Fugen schließen sich je nach Rasse/Größe zum Teil erst im Alter von 12 bis 18 Monaten.

Bis die Wachstumsfugen fest verknöchert sind, ist der Bewegungsapparat sehr empfindlich. Hier kann während der Aufzucht eine Menge falsch gemacht werden.

Junghunde sollten in den ersten zwei Lebensjahren mit Bedacht gefüttert und bewegt werden.

Bei der Fütterung ist darauf zu achten, dass das Futter nicht zu energiereich bzw. mengenmäßig zu viel ist. Wie groß ein Welpe wird, ist in erster Linie genetisch festgelegt, so dass man mit der energiereichen Fütterung nur die Wachstumsgeschwindigkeit, bzw. die Bildung von Körperfett fördert. Beides ist für das noch nicht voll ausgebildete Skelett sehr nachteilig. Welpen, die moderat gefüttert werden, wachsen dagegen langsam – das Knochensystem hat jedoch die Chance, gesund und stabil mit zu wachsen.

Da sich jeder Hund anders entwickelt, sind allgemeine Gewichtstabellen oft irreführend. Hier hilft ein kontrollierender Griff an den Rippenbogen. In den ersten zwei Jahren darf sich kein Fett auf den Rippen bilden. Das bedeutet, die Rippen dürfen sich zwar nicht deutlich einzeln durch die Haut abzeichnen, müssen aber beim Befühlen des Rippenbogen mit leichtem(!) Druck gut zu fühlen sein. Aber auch nach Abschluss des Wachstums finden im Knochen regelmäßige Umbauvorgänge statt. Knochen leben!

Verbindungen der Knochen

Die Verbindung zwischen zwei oder mehreren Knochen nennt man Gelenk. Sie sind hoch spezialisiert und haben je nach Funktion einen unterschiedlichen Bewegungsradius. Es gibt verschiedene Formen von Gelenken, mit unterschiedlichem Bewegungsradius (Kugelgelenk, Sattelgelenk, Spiralgelenk, u.a.). Man unterteilt die Gelenke in zwei große Gruppen:

Unechte Gelenke
Dies sind spaltfreie Verbindungen, die nur wenig Bewegung zulassen. Neben dem Fehlen eines Gelenkspaltes, fehlt den Knochenenden der Knorpelüberzug. Im Einzelnen nennt man diese Verbindungen:
● Syndesmose – ist eine bandhafte, bindegewebige Verbindung, wie sie bei der Verbindung der beiden Kieferhälften vorkommt
● Synchrondrose – ist eine knorpelhafte Verbindung, wie sie bei der Beckensymphyse im jugendlichen Alter vorkommt
● Synostose – ist eine knöcherne Verbindung der Knochen, entsteht in der Regel aus Syndesmosen und Synchrondrosen durch Alterungsprozesse.
● Synsarkose – ist eine Verbindung durch Muskulatur, wie sie an der Vordergliedmaße existiert. Die Verbindung des Schulterblattes mit dem Rumpf besteht nur aus Muskeln.

Echte Gelenke
Diese Verbindungen sind recht komplex. Bei echten Gelenken existieren immer ein Gelenkspalt, ein empfindlicher Knorpelüberzug an den Knochenenden und eine gelenksumhüllende Kapsel sowie stabilisierende Bänder. Für eine reibungsarme Bewegung sorgt im Gelenkspalt die Gelenkschmiere (Synovia). Sie ist eine klare, hellgelbe, fadenziehende Flüssigkeit. Gebildet wird die Synovia in der Gelenkinnenhaut der Kapsel. Sie ernährt den Gelenkknorpel und wird durch Bewegung gleichmäßig im Gelenk verteilt. Bei Bewegungsmangel treten Störungen in diesem System auf, die zu Knorpelabbau und Arthrosen führen können.

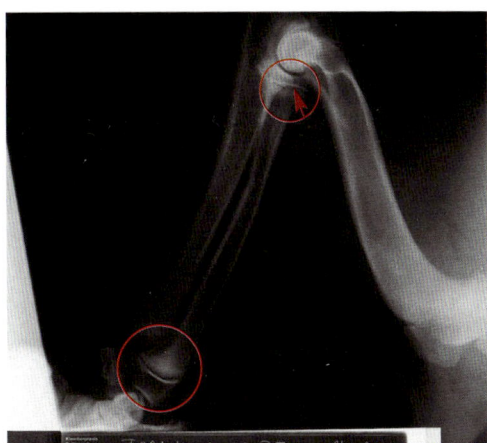

■ *Röntgenbild Ellbogen eines 6 Monate alten Labradors – deutlich zu sehen sind die Wachstumsfugen. Hier wachsen die verschiedenen »Knochenkerne« zusammen.*

1

Der aktive Bewegungsapparat

Der aktive Teil besteht aus der quer ge-streiften Muskulatur und den Sehnen. Sie formen den Körper und geben ihm das ath-letische Aussehen. Anders als bei der glatten Muskulatur der inneren Organe (Magen, Darm), wird die Muskulatur des Bewegungs-apparates willkürlich innerviert. Das heißt, diese Muskulatur ist vom Tier willentlich zu bewegen. Der Hund kann das Bein heben, mit der Rute wedeln – oder eben auch nicht, es liegt in seiner Entscheidung. Ein Muskel ist immer so angesetzt, dass er in seinem Ver-lauf mindestens ein Gelenk überspannt, denn nur so kann eine Bewegung ausgeführt wer-den. Die Muskulatur kann sich immer nur verkürzen, zusammenziehen und dabei zum Beispiel ein Gelenk beugen. Um das Gelenk wieder zur Streckung zu bringen, braucht es einen zweiten Muskel, einen Gegenspieler der, wenn er sich zusammenzieht, das Ge-lenk wieder streckt. Bewegung ist also ein Zusammenspiel von verschiedenen Muskeln, manchmal auch Muskelgruppen.

Eine regelmäßige, gleichmäßige Bewegung ist für das Lauftier Hund sehr wichtig, nur so bleibt der Bewegungsapparat leistungsstark und belastbar. Schlanke Hunde mit gut ent-wickelter und trainierter Muskulatur bieten den Knochen und den Gelenken eine gute Voraussetzung, gesund zu bleiben. Gerade bei stark belasteten Gelenken wie den Hüft-gelenken, bietet eine gute Bemuskelung dem Gelenk zusätzlichen Schutz und Stabilität.

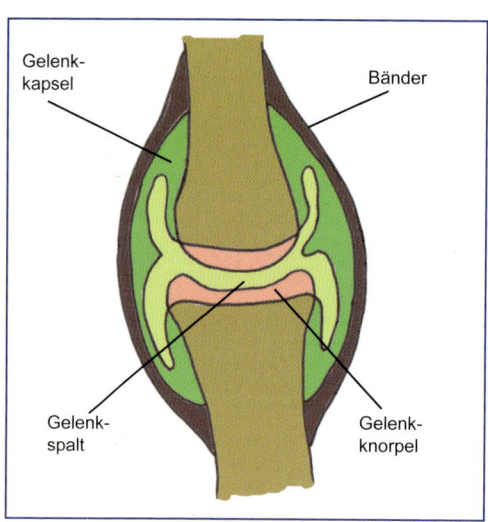

■ *Schematische Darstellung eines Gelenkes.*

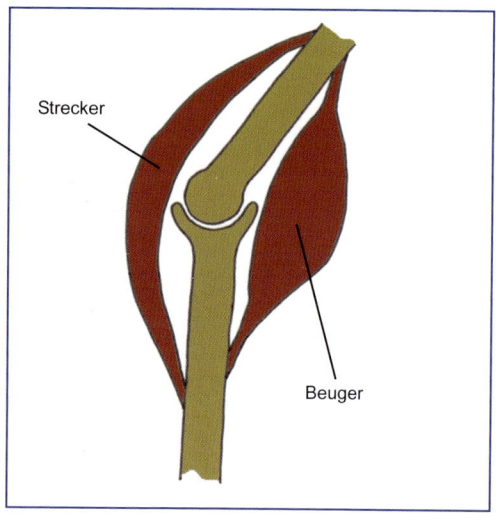

■ *Schematische Darstellung Muskel-Gelenk-Funktion.*

1

Kapitel 2

Kapitel 2

Allgemeines zur Notfallversorgung

Unfall	Notruf	Erste Hilfe	weitere Maßnahmen	Transport	Versorgung
Hund	Anruf beim Tierarzt durch Tierbesitzer	Tierbesitzer	Tierbesitzer	Tierbesitzer	Tierklinik Tierarzt
Mensch	Anruf in Notrufzentrale durch Helfer	Helfer	Rettungsdienst	Rettungsdienst	Krankenhaus

■ *Der Tierbesitzer ist viel stärker eingebunden in die Erste Hilfe, trotzdem ist das Wissen oft unzureichend.*

Was ist Erste Hilfe?

Schon der Begriff »Erste Hilfe« deutet darauf hin, dass in der Regel weitergehende Maßnahmen, die »Zweite Hilfe« durch den Tierarzt, in Anspruch genommen werden muss. Das Wissen in der Ersten Hilfe zielt also nicht darauf ab, den Tierarzt zu ersetzen, sondern lebensrettende Sofort-Maßnahmen vorzunehmen, Verletzungen und Erkrankungen richtig einzuschätzen und damit auch eine Entscheidungshilfe zu geben, ob und wie schnell tierärztliche Hilfe in Anspruch genommen werden muss.

Kenntnisse und Erfahrungen in Erster Hilfe sind für den Hundebesitzer oder einen zufällig anwesenden Ersthelfer entscheidend wichtig, um durch sein Eingreifen die Überlebenschance des Hundes oder den Heilungsverlauf der Erkrankung/Verletzung deutlich zu verbessern.

Die richtige Entscheidung zu treffen, bedeutet:

● Im Extremfall Leben zu retten, zum Beispiel Erkennen einer Magendrehung – sofort! – zum Tierarzt, auch wenn es morgens um 3.45 Uhr ist!

● Im Normalfall bedeutet es »nur«, dem Tier unnötige Schmerzen zu ersparen und eine unkomplizierte Heilung zu forcieren. (Bissverletzungen, nicht erst eitrig werden lassen!), ohne dabei unnötige »Hysterie« aufkommen zu lassen.

Im Unterschied zu der Ersten Hilfe beim Menschen, ist der Tierhalter wesentlich stärker eingebunden. Trotzdem sind viele Tierhalter über die Erste Hilfe beim Tier kaum informiert.

Prioritäten in der Untersuchung

Die Beurteilung des Gesundheitszustandes bzw. der Verletzungen ist nicht immer ganz einfach, aber absolut wichtig für das Vorgehen in der Ersten Hilfe!

Unnötige Panik ist genau so unvorteilhaft, wie ein Unterschätzen der Situation. Darum hilft eine systematische Untersuchung und Abklärung der »Normalwerte«.

Bei der Untersuchung in der Ersten Hilfe sollte man in unklaren Situationen immer mit den lebenswichtigen Funktionen beginnen, um hier sehr schnell abzuklären, in welchem Zustand sich das Tier befindet.

Herz, Atmung, Blutkreislauf sind die lebenswichtigen Systeme im Körper. Sie werden auch deshalb Vitalfunktionen genannt. Sie arbeiten Hand in Hand und ein Ausfall eines Systems führt zwangsläufig zu stark negativen Auswirkungen in den anderen Systemen. Bis hin zu lebensgefährlichen Situationen, die unbehandelt oft innerhalb von Minuten zum Tod führen.

Funktioniert zum Beispiel die Atmung nicht mehr, wird der benötigte Sauerstoff für die Herzmuskelzellen nicht mehr aufgenommen. Unter diesen Bedingungen arbeitet das Herz nur einige Minuten. Der Stillstand von Atmung und Herz führt unbehandelt sehr schnell zum Tod. Darum ist die Kontrolle und Sicherung der Vitalfunktionen einer der wichtigsten Punkte.

Auch wenn die Situation dramatisch aussieht, muss man die Übersicht behalten. Zum Beispiel nicht von offensichtlichen Haut-/Knochen-Verletzungen ablenken lassen, diese registrieren, aber immer erst die »T-A-P-S-Werte« beachten.

Hier ist es wichtig, schnell und umsichtig zu handeln. Gerade bei Unfällen ist es unverzichtbar, sich durch ruhige und methodische Untersuchung schnell einen Überblick zu verschaffen!

Wichtig ist es, lebensgefährlichen Situationen zu erkennen.

Der Hund würde unbehandelt innerhalb von Minuten sterben!

Hier muss alles andere in den Hintergrund gestellt werden.

Dies ist der Fall, wenn:

- Atmung nicht mehr feststellbar (A)
- Herzschlag (Puls) nicht zu fühlen (P)
- Starke lebensgefährliche Blutungen! Innere Verletzungen mit starken Blutungen beachten! Schleimhäute beachten (S)
- Körpertemperatur (T) Körperkern-/ -oberflächentemperatur stark herabgesetzt, Hund »kalt«
- Lebensgefährliche Blutungen müssen immer zuerst behandelt werden, vor Herzmassage oder Beatmung!

Erkennen von Verletzungen oder Erkrankungen mit starken Schmerzen und deutlicher Kreislaufbelastung (Schockbildung).

2

Der Hund würde unbehandelt nur noch Stunden überleben!
Dies ist der Fall, bei:
- Multiplen, tieferen Verletzungen mit deutlichen Blutungen
- Schweren Rücken-, Kopfverletzungen mit Bewusstseinsstörungen
- Schwerer Atemnot
- Schweren perforierenden Verletzungen von Brust- und Bauchhöhle
- Starken Verbrennungen oder Verätzungen
- Aber auch bei Erkrankungen mit starker Schockbildung, wie die der Magendrehung.

Die Erste Hilfe zielt darauf ab, die Verletzungen zu versorgen, die Situation zu stabilisieren (Schockbehandlung) und einen schnellen Transport zum Tierarzt zu ermöglichen.

Erkennen von Verletzungen/Erkrankungen mit starken Schmerzen, aber keiner direkten Lebensgefahr!
Der Hund steht nicht in Gefahr zu sterben, Schmerzen machen ihn aber unberechenbar!
Dies ist der Fall, bei:
- Frakturen
- Akuten Infektionen
- Einzelnen tieferen Wunden
- Stumpfen Verletzungen mit starker Hämatombildung

Diese sind vorsichtig zu versorgen. Die Entwicklung eines Schockes ist nicht ganz auszuschließen. Wichtig zu beachten ist, dass der Hund durch seine Gegenwehr seine Verletzungen nicht verschlimmert. Aber auch nicht den Helfer durch ein »Um-sich-Schnappen« verletzt! Der Hund sollte umgehend einem Tierarzt vorgestellt werden.

Leichte Verletzungen oder Erkrankungen, als solche erkennen.
Der Hund zeigt in der Regel wenig Schmerz, oft werden die Wunden nur durch die Blutung oder durch das ständige Belecken des Hundes bemerkt.
Dies ist der Fall bei:
- Schnitt-, Biss-, Risswunden oder Abschürfungen
- Einfachem Erbrechen
- Einfachem Durchfall

Auch diese Verletzungen/Erkrankungen sollten in der Regel tierärztlich versorgt werden! Es muss darauf geachtet werden, dass der Hund die Situation nicht verschlimmert, zum Beispiel durch starkes Belecken von Wunden!

Verhalten im Notfall

Auf einen verunglückten, stark blutenden Hund zu treffen, ist für jeden Hundebesitzer eine schwierige Situation, speziell, wenn es das eigene Tier betrifft.
Ruhe bewahren!
Kein blinder Aktionismus!
Bereitschaft des Tierarztes abklären, nicht erst losfahren, in der Hoffnung, dass er schon da ist! In einem wirklichen Notfall

kostet es wertvolle Zeit, wenn man vor der geschlossenen Praxistür steht und dann erst abklären muss, wann der Tierarzt kommen kann oder ob es schneller geht, zum nächsten Tierarzt zu fahren. Erste Untersuchungen, ein genaues Hinschauen direkt vor Ort können klären, ob die Verletzungen wirklich so schwer sind, wie man meint. Übersteigerte Aktivität, Hysterie ist genauso wenig hilfreich, wie ein Unterschätzen der Situation. Von Vorteil ist es, wenn man dem Tierarzt schon untersuchte Parameter mitteilen kann. Als Beispiel: »Mein Hund hat eine Temperatur von 36°C, blasse Schleimhäute und die Augenäderchen sind auch nicht mehr zu erkennen.« Jeder Tierarzt wird hier die Dringlichkeit des Notfalles erkennen.

Aus einem Vorbericht wie: »Mein Hund ist so komisch, der will gar nicht mehr Gassi gehen ...«, ist es schon deutlich schwieriger zu erkennen, ob der Hund sofort Hilfe braucht, oder auch noch einige Stunden warten kann.

Selbstschutz beachten – Gefahren bei der Bergung bedenken!

Bei *Verkehrsunfällen* ist die Sicherung der Unfallstelle mit Warndreieck sehr wichtig, denn bei nicht korrekt abgesicherter Unfallstelle kann eine Haftung für weitere Schäden eintreten! Auf großen Straßen/Autobahnen gehören Hund + Helfer hinter die Leitplanken.

Stromschlag – Eigensicherung!
Auf Isolierung achten oder Sicherung raus!

■ *Trümmersuchen sind weder für Hund noch für den Hundeführer ganz ungefährlich.*

Feuer – Eigensicherung!
Nur mit Rettungsseil – Anweisung der Feuerwehr/Polizei beachten!

Gasgefahr – Eigensicherung!
Nur mit Rettungsseil – Anweisung von Feuerwehr/Polizei und Einsatzleitung beachten! (Güllegruben, -silos, Hauseinsturz ...)

Ertrinken – Eigensicherung!
Nicht einfach hinterherspringen, wenn kein Rettungsseil zur Verfügung steht.

Einsturz in Trümmern – Eigensicherung!
Einsatzleitung benachrichtigen, Hund im Team, nur mit Erlaubnis der Einsatzleitung bergen! Wichtig für eigene Sicherheit: Helm, Taschenlampe/Ersatzbatterie, Handschuhe, Sicherheitsschuhe.
Gefahren durch den Hund nicht unterschätzen!

■ *Nie unterschätzen – auch der eigene Hund kann bei starkem Schmerz oder Stress zubeißen.*

Nicht nur fremde Hunde, sondern auch der eigene Hund oder sonst liebe Tiere können in Stress-Angst-Situationen empfindlich stark zubeißen. Im Zweifelsfalle bei Annäherung Arbeits-/Lederhandschuhe tragen – sie schützen »etwas« vor Beißattacken, und bei der Untersuchung vor Blut, Kot und Erbrochenem, aber auch vor Öl und anderen chemischen Stoffen, die sich auf oder unter dem Hund befinden können!

Bei jedem schwer verletzten Hund sollte bei der Ersten Hilfe ein **Maulkorb** oder eine Maulbinde (es kann eine Mullbinde aus dem Erste-Hilfe-Kasten des Autos verwendet werden) griffbereit sein. Sind diese nicht in Reichweite, kann auch die Leine, durch mehrfaches Umwickeln um die Schnauze, als provisorische **Maulbinde** dienen. Da der Schutz der Ersthelfer an erster Stelle steht, muss bei jedem Hund beim Verdacht einer Gegenwehr mit den Zähnen, ein **Beißschutz** angelegt werden.

Dies sollte auf keinen Fall angewendet werden, wenn:

● Das Tier bewusstlos ist!
● Atemnot vorliegt
● Erbrechen vorliegt

Umgang mit dem kranken und verletzten Tier

Nähern Sie sich einem verletzten Tier immer langsam und vorsichtig. Rechnen Sie mit Flucht- oder Abwehrreaktionen, speziell bei fremden Tieren. Es ist wichtig, den Hund rechtzeitig anzusprechen, mit ruhiger, leiser Stimme. Die Reaktionen/Körpersprache müssen genau beobachtet werden.

● Gehen Sie langsam neben dem Hund in die Hocke.
● Nicht mit dem eigenen Kopf über den Hundekopf beugen, auch scheinbar bewusstlose Hunde schnellen bei Lichtveränderungen aus Angst hoch und beißen zu!
● Besonders bei fremden Hunden den ersten vorsichtigen Körperkontakt im hinteren Bereich (Kruppe, Oberschenkel) des Körpers, um die Reaktion des Hundes zu testen – vorsichtige Streichelbewegung – auf Verletzungen achten.
● Schonender Umgang, aber ohne übertriebene Fürsorglichkeit bzw. Zaghaftigkeit. Diese führt eher zur Verunsicherung des Tieres und dementsprechend zu heftigen Abwehrreaktionen.
● Das heißt auch – gut festhalten/fixieren, wenn dies angebracht ist!

■ *Erst doppelt die Enden verkreuzen und dann mit der vorbereiteten Schlinge die Nase »einfangen«.*

■ *Die »Kreuzungsstelle« liegt auf dem Nasenrücken – hier gut stramm ziehen.*

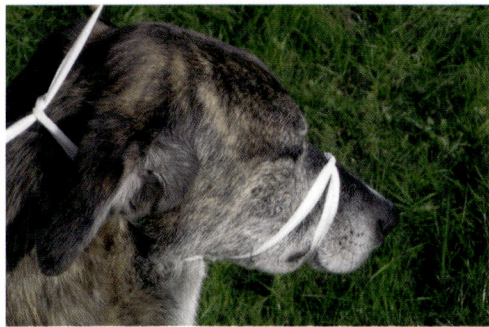

■ *Auch unterm Kinn die Enden noch mal kreuzen und wieder festziehen. Dann hinter den Ohren mit einer Schleife fest verknoten.*

● Verletzte, vor allem Hunde mit Schmerzen, anleinen. Halsband eng stellen – auch beim eigenen Hund! Sie geraten leicht in Panik, versuchen wegzulaufen oder sich zu verkriechen. Die Leine ist dann oft die einzige Möglichkeit, den Hund wieder unter Kontrolle zu bringen. Eventuell zweite Leine anbringen, um den angreifenden Hund auf Abstand zu halten.

● Verletzte/kranke Tiere nicht füttern und tränken, um Komplikationen, wie Erbrechen zu vermeiden.

Lagerung des kranken Hundes

Ist der Hund bei Bewusstsein bzw. voll ansprechbar, wird er sich selbst in eine Körperhaltung bringen, die für ihn am günstigsten, am wenigsten schmerzhaft oder am besten zum Atmen ist. Zwangsmaßnahmen könnten zur Aufregung und Gegenwehr führen, welches vermieden werden sollte.

Es muss aber verhindert werden, dass er durch sein Verhalten seine Verletzungen verschlimmert oder sich anders weiter schädigt.

● Kranken/verletzten Hund nicht ohne Aufsicht lassen!

● Ist der Hund bewusstlos, sollte eine flache Seitenlage, bevorzugt auf der rechten Körperseite, nicht ohne zwingende Gründe verändert werden.

● Bei einem bewusstlosen Hund ist die Zunge vorzulagern und der Kopf in gestreckter bis leicht überstreckter Haltung abzulegen. Die Schnauze sollte der tiefste Punkt von

■ *Schocklage – nicht bei Kopf-, Wirbelsäulenverletzungen oder Atemnot.*

■ *Vor der Brust kann man den Hund nur für kurze Zeit tragen.*

Kopf und Hals bilden, damit Blut und Erbrochenes abfließen können.

Eventuell vorsichtig das Hinterteil hoch lagern – nur wenn es das Verletzungsmuster zulässt – zur Kreislaufstabilisierung (Schocklage).

● Bei Atemnot in Seitenlage ist es für den Hund vorteilhaft, das Vorderteil erhöht zu lagern, um das Zwerchfell zu entlasten.

● Bei einseitigen Rippenbrüchen auf die verletzte Seite legen, da die verletzte Seite dadurch etwas ruhig gestellt wird und die gesunde Seite so besser arbeiten kann.

Transport des verletzten/kranken Hundes

Außerhalb des Autos

● Kann der Hund noch laufen, ohne dass er seine Situation verschlimmert, bzw. sehr starke Schmerzen erleidet, kann/darf der Hund an der Leine laufen!

● Getragen werden kann der Hund kurze Strecken vor der Brust, bei längeren Strecken und höherem Gewicht über der Schulter.

● Sind Hilfsmittel greifbar, können Hunde, die nicht mehr in der Lage sind, selbstständig

zu gehen, auf einer improvisierten Trage (Decke, Jacke, Brett bei Verdacht auf RM-Verletzung) transportiert werden. Halsband/Leine mit Daumen festhalten!

Vor Fahrtantritt beachten

● Telefonisch die Bereitschaft des Tierarztes prüfen und ihn kurz und präzise informieren!

Bei Fahrtantritt beachten

● Das Tier optimalerweise nicht alleine zum Tierarzt fahren. Der Helfer fährt das Auto – der Tierbesitzer bleibt beim Hund.

● Bei Alleinfahrten sollte das Tier sicher fixiert sein (Anbinden, Transportbox/-korb).

● Begonnene Erste-Hilfe-Maßnahmen (zum Beispiel Abdrücken von Blutungen) müssen auf dem Transport fortgesetzt werden.

● Während der Autofahrt sollte Rauchen, laute Musik, starker Wechsel von Gas und Bremse vermieden werden.

Zwangsmaßnahmen

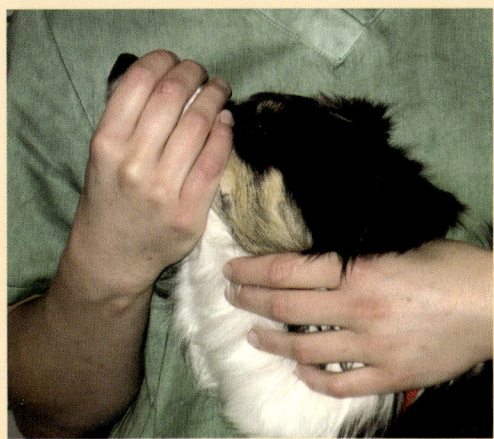

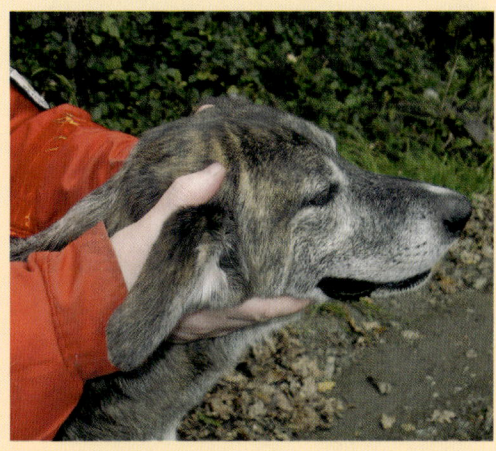

■ Mit dem Nacken-Schnauzen-Griff lassen sich die meisten lieben Hunde schmerzfreie Manipulationen (Augen-, Ohrensalbe) im Kopfbereich gefallen.

■ Kopf-Fixation ist ein optimaler Griff, um Maulkorb oder Maulschlinge aufzusetzen. Hinter den Ohren den Hundeschädel fest umgreifen. Wer nur ins lockere Fell greift, riskiert, gebissen zu werden.

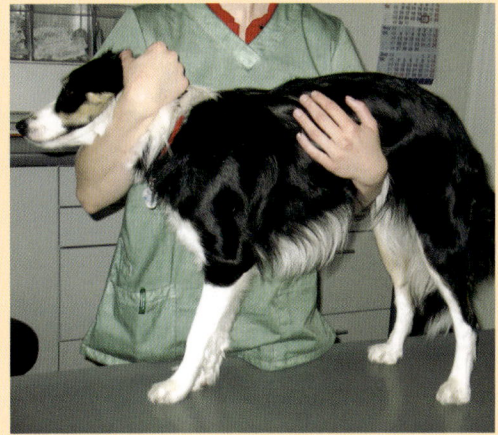

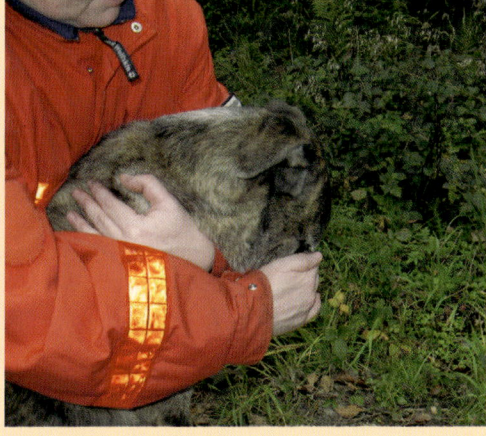

■ Umarmungsgriff – richtig angewendet, hat man die meisten Hunde gut im Griff.

■ Griff für Profis! Gut gehalten, hat der Hund wenig Chancen – vor allem bei Behandlungen im Kopfbereich.

Hund niederlegen

1. Hund niederlegen: Man stellt sein Bein (= Rutsch-bein) weit unter den Hund und greift dann über den Hund unter dem Bauch her die Gliedmaßen, die einem zugewandt sind. Das Vorderbein ergreift man am Ellbogengelenk, das Hinterbein knapp unterhalb des Knies.

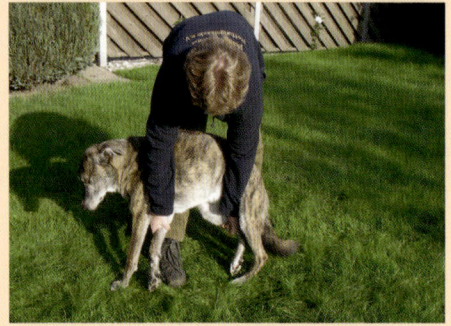

2. Dann zieht man gleichzeitig beide Beine in die Waagerechte und lässt den Hund mit Unterstützung des Rutschbeines zur Erde gleiten.

3. Während man sich hinter den Hund kniet, werden die Beine weiter festgehalten.

4. Der Hund kann nicht aufstehen, solange die Gliedmaße gut festgehalten werden. Jetzt kann an Bauch und Pfoten untersucht werden.

5. Wehrt sich der Hund etwas, kann man mit etwas Druck seiner Ellbogen auf Schulter und Hüfte des Hundes die Situation beherrschen.

2

ACHTUNG

Zur **Notversorgung** immer zum nächst möglichen Tierarzt, nach Stabilisierung und Erstversorgung. Nur bei dem Verdacht auf eine Magendrehung muss umgehend ein Tierarzt zu Rate gezogen werden, der – nach Bestätigung des Verdachtes – den Hund sofort vorort operieren kann!

nem schweren Notfall mit Material auskommen muss, das seine Funktion verweigert.

In den Erste-Hilfe-Kasten gehören:
- Verbandsschere
- Haarschere (gebogen)
- Fremdkörper-Pinzette
- Zeckenzange
- Krallenschere
- Fieberthermometer
- Kopflampe oder Taschenlampe

Einige Bestandteile kann man durchaus von

Erste-Hilfe-Kasten für den Hund

Für Hundebesitzer, die mit ihrem Hund sehr aktiv sind, sollte es ein Selbstverständliches sein, eine Erste-Hilfe-Ausrüstung für den Hund bereit zu halten.

Fertige Erste-Hilfe-Kästen sind selten auf den wirklichen Bedarf beim Hund abgestimmt. Darum ist die beste Alternative, sich seinen »Erste-Hilfe-Kasten« selbst zusammenzustellen. Als »Kasten« ist eine kleine Tasche zu empfehlen. Gut zu gebrauchen sind die kleinen »Cool-Taschen« für Dosen oder Lenkertaschen für das Fahrrad.

Bei dem Innenleben muss man unterscheiden zwischen Verbrauchsmaterial und »Gebrauchmaterial«.

Bei Schere, Pinzette & Co ist es wichtig, auf eine gute Qualität Wert zu legen, denn es gibt nichts Schlimmeres, als wenn man bei ei-

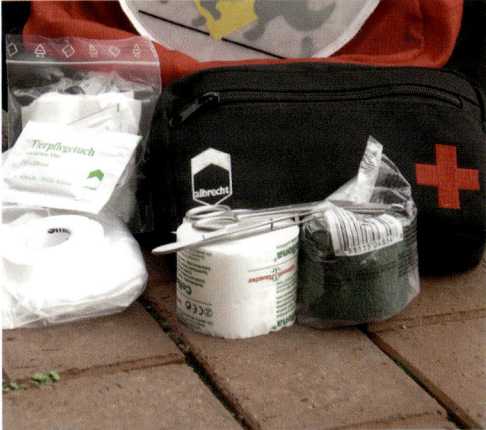

■ *Die Firma Albrecht bietet eine sehr hochwertige Erste-Hilfe-Tasche an. Zur Grundausstattung gehört neben der stabilen Tasche eine hochwertige Schere und Fremdkörper-Pinzette, sowie sinnvolles Verbandsmaterial. Die Tasche ist zudem groß genug, um das Sortiment durch Desinfektions-Spray, Jodsalbe und ähnliches zu ergänzen, aber auch klein genug, um sie in jeden Rucksack zu bekommen.*

2

dem Erste-Hilfe-Kasten des Menschen verwenden. So sind in der Regel:

- Einmalhandschuhe
- die Brandpackung
- die Rettungsdecke
- die sterilen Wundauflagen
- das Dreieckstuch
- einfachen Mullbinden (elastisch und unelastisch), und eventuell auch eine Rolle Leukoplast für die Benutzung durchaus brauchbar.

Empfehlenswert ist es, zusätzliches Verbandsmaterial bereit zu halten:

- Verbandswatte, wie Cellona-, Rolta-Watte
- Flexi-Verbände (u.a. Coflex, Alflex, Petflex)
- Unsterile Tupfer

Einige Medikamente sollten in der Erste-Hilfe-Ausrüstung parat gehalten werden. Dazu gehören:

- Plastikfläschchen mit Wasserstoffperoxid (H_2O_2)
- »Jod-Salbe«
- Wundspray

Wundmanagement
Wundarten

Verletzungen oder Wunden entstehen durch äußere Gewalteinwirkung auf die Haut. Diese »äußere Gewalt« ist in der Regel ein mechanisches Trauma, wie Schnitt, Stich, Biss. Wunden entstehen aber auch durch thermische (Verbrennung, Erfrierung) oder chemische (Verätzung) Trauma.

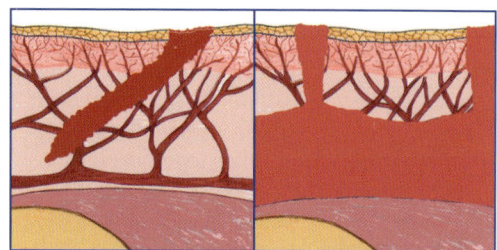

■ *Schematische Darstellung: Rissverletzung (l.) und Bissverletzung (r.).*

Die Haut wird ganz oder teilweise zerstört und kann ihre schützende Funktion, den Körper vor dem Eindringen von Krankheitskeimen aus der Umgebung zu bewahren, nicht mehr im vollen Umfang erfüllen. Je nach Ausmaß und Tiefe der Wunde können unterschiedliche Strukturen (Gefäße, Nerven, Muskeln, Knochen, innere Organe) verletzt worden sein.

Jede Wunde hat drei unmittelbare Folgen:

- Schmerzen
- Blutungen
- Infektionsgefahr

und diese natürlich in unterschiedlicher Ausprägung. Darum gibt es kein allgemein gültiges Rezept.

Mechanische Wunden
Risswunden

beschränken sich in der Regel auf die Haut. Sie haben unregelmäßige Wundränder und meist nur geringe Blutung. Es besteht große

2

Infektionsgefahr, da die Verletzung oft durch rostige Nägel, Stacheldraht u.ä. verursacht wird. Diese Wunden müssen in der Regel chirurgisch versorgt werden.

Bisswunden

sind besonders infektionsgefährdet, da sich im Speichel immer viele Keime befinden, die durch den Biss tief in die Wunde gelangen. Sehr oft wird durch Zerren oder Schütteln das darunter liegende Gewebe großflächiger gerissen (es entstehen große Wundhöhlen) oder gequetscht (Hämatombildung), als es die sichtbaren Wunden erahnen lassen. Deshalb sollten sie immer dem Tierarzt vorgestellt werden.

Schnitt-/Stichwunden

Stichwunden können bis zum Knochen alle Gewebeschichten durchdringen. Wegen der Tiefenausdehnung klaffen diese Wunden oft sehr stark. Sie haben glatte Wundränder und bluten, vor allem bei Durchtrennung von Muskeln oder Blutgefäßen, beträchtlich. Sie werden oft verursacht durch Schnitte von Glas- oder Metallabfall beim Durchlaufen von Wiesen und Straßengräben. Hier speziell an den Ballen oder in der Fesselbeuge, in der auch häufig Nerven und Sehnen durchtrennt werden. Die Infektionsgefahr ist in der Relation nicht so groß.
Die Wunden, speziell die tiefen, müssen trotzdem tierärztlich versorgt werden.

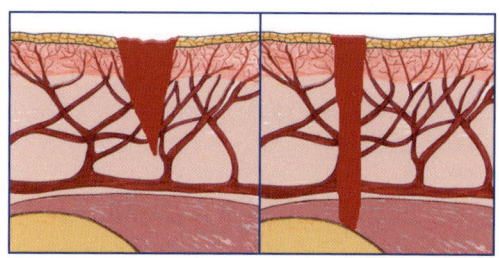

■ Schematische Darstellung: Schnittverletzung (l.) und Stichverletzung (r.)

Schürfwunden

betreffen vorwiegend die oberen Schichten der Haut und sehen durch die Eröffnung zahlreicher feinster Blutgefäße zunächst oft gefährlicher aus, als sie tatsächlich sind. Meist ist die Blutung eher gering, dafür nässen die Wunden sehr stark. Sie entstehen zum Beispiel bei Autounfällen, wenn der Hund nach dem Aufprall über den Asphalt fortgeschleudert, oder mitgeschleift wird. Einlagerungen (kleine Steinchen) sind darum häufig in der Wunde zu finden. Schürfwunden sind oft sehr schmerzhaft.

Offene Bauch-/Brusthöhlenwunden

Ursache für perforierende Verletzungen sind vor allem Beißereien, Pfählungsunfälle, eher seltener sind es Autounfälle. Eine offene Brustkorbverletzung erkennt man an der atemsynchronen Geräuschbildung in der Wunde. Außerdem ist häufig eine »Atmung« (= Luftstrom) aus der Wunde zu erkennen. Offene Bauchhöhlenwunden sind für den

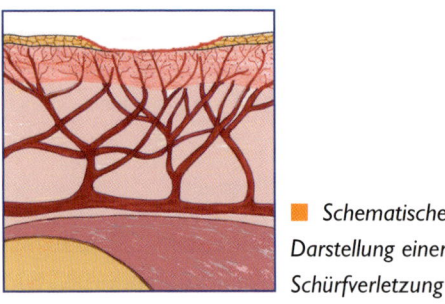

■ *Schematische Darstellung einer Schürfverletzung*

Laien nicht immer einfach zu erkennen. Bei kleinen Wunden im Bauch-/Lendenbereich kann nur eine Sondierung (Tierarzt) Auskunft über die Tiefe geben. Bei größeren Wunden hängen häufig Eingeweideteile heraus. Blutungen sind je nach Verletzung unterschiedlich, doch häufig nur gering. Die Infektionsgefahr ist aber sehr hoch!

Fremdkörper – in Wunden
Fremdkörper vermindern, solange wie sie in der Wunde verbleiben, die durch die Gewebezerstörung ausgelöste Blutung. Die Wundhöhle wird durch den Fremdkörper regelrecht austamponiert.
Als Grundsatz in der Ersten Hilfe gilt, dass Fremdkörper in Wunden niemals vom Helfer entfernt werden dürfen.
Ausnahme: Fremdkörper in den Ballen der Pfoten können und müssen entfernt werden, bevor sie sich weiter eintreten! Die Blutungen, die hier auftreten können, können zwar stark sein, bei gesunder Blutgerinnung, aber nicht lebensgefährlich.

Thermische Wunden
● Verbrennung
● Erfrierung

Chemische Wunden
● Verätzung

Wundbeurteilung
Oft ist für die komplikationslose Heilung die Erstversorgung von entscheidender Bedeutung, darum ist die Wundbeurteilung für das weitere Vorgehen maßgeblich!

Welche Art (Ursache!) von Wunde liegt vor?
Ist die Ursache bekannt, ist die Einschätzung der Infektionsgefahr und nötigen Behandlung wesentlich einfacher.

Wo ist die Wunde lokalisiert?
Die Lage der Wunde gibt Hinweise, welche Strukturen unter der Haut eventuell verletzt worden sind. Wunden über Gelenken haben das Problem, dass wenig Ruhe in den Wundbereich kommt.

Wie stark blutet die Wunde,
welche Art von Blutung liegt vor?
Funktioniert die Blutgerinnung des Tieres, so ist der Körper bei leichten Blutungen in der Lage, diese zu beenden.

Wie sehen die Wundränder aus
und wie tief ist die Wunde?
Wichtig ist, neben der von außen sichtbaren

2

Größe, die Tiefe der Wunde herauszufinden. Eine kleine, aber mit tiefen Taschen versehene Wunde muss gespült werden, im Extremfall bei starken Zerreißungen unter der Haut muss auch eine Drainage eingelegt werden. Tiefe klaffende und größere Riss- und Schnittverletzungen sollten genäht werden, je früher, desto besser.

Welche anderen Gewebe/Organe sind verletzt?
Besonders zu beachten sind z.B. die Verletzungen, bei denen Gelenksstrukturen, Nerven und Endsehnen verletzt worden sind. Auch die Eröffnung von Körperhöhlen bietet eine besondere Gefahr.

Wie stark ist die Wunde verschmutzt bzw. können sich Fremdkörper in der Wunde befinden?
An Wunden, die tierärztlich versorgt werden müssen, sollte nicht manipuliert/desinfiziert werden. Das heißt, sie sollten nicht mit Salben, Sprays oder anderen Desinfektionsmitteln behandelt werden. In der Regel ist es auch nicht notwendig, die Wunde mit Wasser »sauber zu waschen«, dies kann zu unnötiger Zellschädigung führen. Das Berühren der Wundfläche erhöht ebenfalls die Infektionsgefahr unnötigerweise!

Wundversorgung

Was ist zu tun, wenn man nach der Erstversorgung zum Tierarzt fährt?
Richtig ist es, schon mal vorsichtig die Haare abzuschneiden, die in die Wunde hineinragen. Danach sollte die Wunde mit einer Wundauflage und einem Verband steril (sauber) geschützt werden. Mehr braucht da gar nicht gemacht werden! Jegliche Behandlung mit Desinfektionsmitteln oder Salben verändert das Gewebe, so dass es schwieriger wird, die Wunde zu beurteilen.

Falls sich ein Fremdkörper in der Wunde befindet, muss dieser umpolstert werden, so dass er seine Lage nicht verändern kann. Erst dann kann er mit einem Verband abgedeckt werden. Ausnahme sind kleinere Fremdkörper in den Pfotenballen. Die werden sofort entfernt, um ein weiteres Eintreten zu verhindern.

Hängen aus der Wunde Eingeweideteile heraus, ist die Bauchhöhle eröffnet. Diese Eingeweideteile dürfen auf gar keinen Fall wieder in den Körper zurückgedrückt werden. Sie sollten mit sterilen (sauberen) feuchten Tüchern (Dreieckstuch) umwickelt und mit einem Verband fixiert werden. Es muss verhindert werden, dass die Eingeweideteile weiter verschmutzt und verletzt werden.

Ist die Brusthöhle eröffnet, kann man versuchen, nachdem man die Haare stark gekürzt hat, mit Leukoplast o.ä. die Wunde abzukleben.

Die luftdichte Abdeckung der Brustkorbwunde sollte an drei Seiten passieren, so dass bei der Einatmung Luft aus der Wunde gedrückt werden kann, während es sich bei Ausatmung ansaugt und wie bei einem Ventil die Wunde verschließt.

2

Was ist zu tun – ohne Tierarzt?
Kleinere, vor allem oberflächliche Wunden verheilen oft ohne Naht (und ohne Tierarzt). Hier kann man in der Regel selbst Hand anlegen! Auch dann schneidet/rasiert man die Haare um die Wunde vorsichtig so kurz wie möglich. Danach kann die Wunde gereinigt werden. Blutet die Wunde deutlich, reicht oft eine »trockene Reinigung« mit einem (sterilen) Tupfer, um lose Haare und einzelne Sandkörner aus der Wunde zu entfernen.

Ist die Wunde gereinigt, muss geklärt werden, wie viel Schutz und Pflege diese Wunde braucht.

Bei der Behandlung mit Salbe muss darauf geachtet werden, dass der Hund sie nicht sofort wieder ablecken kann. Erstens hilft sie dann nicht und zweitens verschlimmern sich durch das Lecken die Entzündungssymptome. Die Aussage, dass das Auslecken von Wunden durch den Hund von Vorteil ist, ist falsch.

ACHTUNG

Geeignet für die Reinigung/Spülung der Wunde sind isotonische Kochsalz-Lösungen, Glukose-Lösungen oder die verschiedenen Wundlösungen, wie Wasserstoffperoxid, die man in der Apotheke bzw. beim Tierarzt erhält.

Ein Waschen der Wunde mit Wasser ist nicht unbedingt von Vorteil, sondern sollte nur auf die Fälle beschränkt werden, bei denen eine deutliche Verschmutzung der Wunde vorliegt und keine geeignet Spüllösung vorhanden ist.

Die Behandlung von Wunden hat sich in den letzten Jahren geändert. Es wird nicht mehr empfohlen, Wunden »tot« zu desinfizieren.

So sind verschiedene enzymatisch oder biologisch wundreinigende Salben (zum Beispiel Befedo Wundreinigungssalbe) bzw. Wundkegel (Leukase-Kegel) erhältlich, die hervorragende Arbeit leisten.

Wasserstoffperoxid desinfiziert durch die Freisetzung von Sauerstoff, wodurch es bei der Behandlung in der Wunde sprudelt und schäumt. Dadurch können die Keime aus der Wunde »herausgesprudelt«, bei unübersichtlich tiefen Wunden, aber auch tiefer ins Gewebe gedrückt werden.

Wundsprays und Wundlösungen gibt es in verschiedenen Ausführungen, teilweise mit Jod-Verbindungen. Zu beachten ist, dass Sprays brennen können, und der Hund beim Behandeln etwas ungehalten reagieren, schlimmstenfalls zubeißen kann.

Hunde müssn unbedingt davon abgehalten werden, dass sie an Verletzungen regelmäßig lecken können. Das heißt, die Wunden, die mit Salben bedeckt worden sind, sind mit einem Verband zu schützen (Pfoten, Bein, Rute) oder nur direkt vor jedem »Gassi-Gang« mit Salbe zu behandeln (Bauch, Brust, Rücken). Der Hund wird durch die Ablenkung erst einmal vom Belecken abgehalten.

Verbände bzw. Wundabdeckungen dürfen maximal drei bis vier Tage bleiben, bevor sie gewechselt werden müssen. Besser ist in vielen Fällen (aber IMMER! wenn der Verband nass und durchgeweicht ist), der tägliche Wechsel, da man den Heilungsverlauf im Auge behält und die »unbeteiligte« Haut weniger leidet.

Wundheilung

Bei der Abheilung von Wunden unterscheidet man zwei Formen: Die primäre Wundheilung setzt voraus, dass die Wundränder direkt aneinander liegen, glatt und sauber sind. In der Regel hat man diese Situation nur nach chirurgischer Wundversorgung (Naht, Klammerung).

Wunden, die sich selbst überlassen bleiben, sondern immer Wundsekrete ab und zeigen Entzündungssymptome. Die Wundränder sind oft unregelmäßig, liegen selten direkt nebeneinander und die Wunde ist auch häufig noch verunreinigt. Diese Wundheilung ist deutlich langwieriger und durchläuft verschiedene Phasen. Hier spricht man von sekundärer Wundheilung.

Die Überlegung bei der Wundbehandlung ist immer, eine möglichst unkomplizierte Wundheilung zu ermöglichen, darum ist bei vielen tiefen Wunden eine chirurgische Wundversorgung anzuraten.

Verbände

Verbände spielen bei der medizinischen Versorgung von Hunden eine wichtige Rolle und übernehmen vielfältige Funktionen:

- Blutstillung
  - Schutzverband, Druckverband
- Schutz vor Belecken der Wunde
  - Schutzverband
- Schutz vor Verunreinigung und Infektion
  - Schutzverband
- Ruhigstellung und Stabilisierung und damit der Schmerzlinderung und Verhütung weiterer Schäden
  - Stützverband, Schutzverband

Ein guter Verband erfüllt diesen Zweck. Er schnürt die Blutzirkulation nicht ab, und rutscht bzw. scheuert in der Bewegung nicht! Die Gliedmaße/Körperteile befinden sich dabei in physiologischer bzw. medizinisch sinnvoller Haltung.

Beobachten Sie jeden neuen Verband in den ersten Stunden nach dem Anlegen. Bei nicht korrekt sitzendem Verband kann sich zum Beispiel eine Schwellung außerhalb des Verbandes bilden. In solch einem Fall muss der

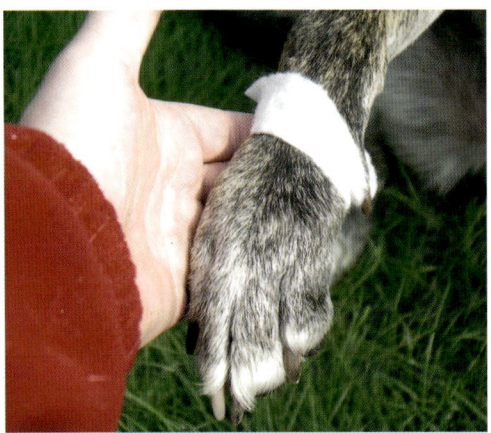

■ *In Notfällen, wenn Zeit oder Material für eine ordentliche Zehenpolsterung fehlen, sollte auf eine Minimalpolster – das Abpolstern der Daumenkralle – nicht verzichtet werden. Hier tritt sehr schnell ein »Wundwerden« auf.*

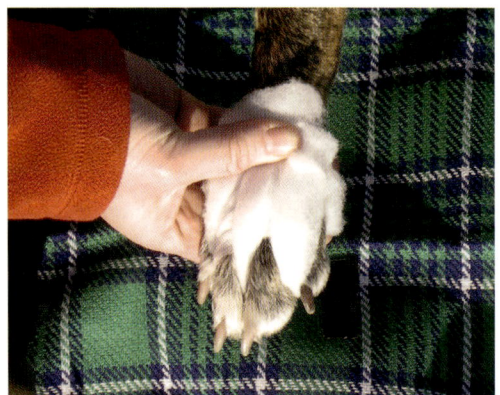

■ *Die Basis eines gut aufgebauten Verbandes ist die Polsterung der Zehen – diese Zehenpolsterung ist als optimal an zu sehen.*

Verband sofort entfernt oder aufgeschnitten werden. Die Schwellung bildet sich dann mit leichten Massagen des betroffenen Beines schnell zurück! Wenn der Hund deutliches Interesse am Verband zeigt und ihn benagt und beleckt, stimmt auch meist etwas nicht. Die Blutzirkulation könnte gestört sein, ein Fremdkörper (Steinchen, Granne) im Verband stecken oder ähnliches. Auch hier muss der Verband entfernt werden und die Gliedmaße und das Verbandsmaterial nach Problemen (zum Beispiel Druckstellen) abgesucht werden.

Die wenigsten Hunde gehen an ihren Verband, wenn dieser korrekt sitzt!

Schutzverband für Weichteilverletzungen

Verletzungen der Weichteile sollten durch einen dreischichtigen Verband abgedeckt werden – in der Regel handelt es sich um Schnitt- oder Bissverletzungen an den Pfoten- bzw. Gliedmaßen.

Die **erste Verbandsschicht**, die direkt auf der Wunde aufliegt, sollte blut- und sekretdurchlässig sein. Positiv zu bewerten ist es, wenn diese Wundauflage keimarm, besser steril ist. Professioneller Weise werden hier sterile Mullkompressen oder auch Wundgazen verwendet. Ist ein Verbandskasten nicht in Reichweite, würde zum Beispiel auch ein frisch gewaschenes und gebügeltes Unterhemd oder Geschirr- bzw. Handtuch aus rei-

■ Polsterwatte sollte gleichmäßig und möglichst faltenfrei gewickelt werden.

■ Gerade bei elastischen Binden, ist es wichtig, dass der Verband nicht zu stramm gewickelt wird.

■ Die elastische Binde darf nur so hoch gewickelt werden, dass die Polsterwatte noch sichtbar ist. Um sie vor Hundezähnen zu schützen kann sie mit Pflaster abgeklebt werden. Der Afterballen verträgt ebenfalls keinen ungepolsterten Druck. Beim Pfotenverband sollte er »draußen« bleiben.

ner Baumwolle seinen Dienst tun. Nylon- oder Polyestermaterialien sind weniger geeignet, da sie nur wenig saugfähig sind.

Die **zweite Verbandsschicht** hat zwei Aufgaben. Erstens die Wundsekrete, die durch die erste Schicht per Kapillarwirkung von der Wunde wegtransportiert wurden, aufzusaugen. Zweitens um die Blutversorgung nicht noch zusätzlich zu belasten, dafür eine extrem gute Polsterung bewirken. Für diese Schicht eignet sich am besten Watte. Sinnvoll ist es, hier im Verbandskasten spezielle Verbandswatte bereit zu halten, die es recht zugfest und gleichmäßig gerollt in verschieden Ausführungen zu kaufen gibt. Muss man improvisieren, kann auch die normale Haushaltswatte verwendet werden.

2

Die **dritte Verbandsschicht** soll dem Verband Stabilität verleihen und ihn von außen vor Flüssigkeit schützen. Hierfür eignen sich elastische und/oder selbst haftende Wundverbände. Einfache Mullbinden sind durchaus brauchbar, bieten aber weniger Schutz und lassen sich schwieriger wickeln. Sind keine Verbandsmittel vorhanden, kann man aus einem Unterhemd oder T-Shirt ca. sechs cm breite Streifen schneiden. Fortlaufend, zirkulär, ähnlich wie man es beim Schälen eines Apfels schaffen kann, so dass man den Streifen zu einer mehrere Meter langen Verbandsrolle wickeln kann.

Stützverband für Knochenverletzungen

Knochenbrüche werden mit einem modifizierten dreischichtigen Verband geschützt.

Erste Verbandsschicht: Liegt neben der Fraktur keine Verletzung der Haut vor, ist in diesem Fall keine direkte Wundauflage/Kompresse notwendig!

Zweite Verbandsschicht: Es kann gleich mit der Polsterung begonnen werden. Hierbei ist zu beachten, dass Nerven, Knochenvorsprünge und Weichteile abgepolstert werden müssen. Gleichzeitig darf die Bruchstelle durch eine starke Polsterung nicht zuviel Bewegungsfreiraum erhalten. Die Gliedmaße darf sich im Verband nicht bewegen. Hier ist es sinnvoll, wenig oder eine geschichtete Polsterung vorzunehmen!

■ *Als stabilisierendes Element eignet sich eine Zeitung sehr gut. Nachdem die Polsterung mit einer elastischen Binde fixiert worden ist, kann die Zeitung o.a. eingearbeitet werden.*

■ *Wichtig auch hier – gleichmäßig und stramm wickeln.*

■ *Die Schienung muss die der Fraktur benachbarten Gelenke auch mit stabilisieren.*

Dritte Verbandsschicht: Für die gibt es typischer Weise zwei Möglichkeiten. Erstens wird hier mit aushärtenden Verbandsstoffen gearbeitet, wie Scotch-Cast. Gips-Bandagen werden heute eher seltener verwendet, da das hohe Gewicht ein deutlicher Nachteil ist. Doch gerade in der Ersten Hilfe sind diese in der Regel nicht vorhanden, so dass als Alternative ein stabilisierendes Element in die dritte Verbandsschicht eingearbeitet werden muss. Hierfür wickelt man eine Bandage in einfacher Lage um die Polsterung, um diese schon mal zu fixieren.

Jetzt kann ein stützendes Element eingearbeitet werden. Eine Schiene muss die Fraktur ruhig stellen. Wobei das Gewicht der Schiene dabei nicht zu hoch sein darf. Geeignet sind zum Beispiel eine Kunststoffleiste, gefaltete Zeitung, Holzspatel/-Leiste. Beachtet werden muss, dass das Stützelement gut abgepolstert ist und sich nicht durchscheuern kann. Achtung: Frakturen oberhalb des Ellbogens/ Knies oder ellbogen- bzw. knienah können nicht mit Verbänden stabilisiert werden, hier ist es günstiger, den Hund auf einer Trage/ Körbchen o.ä. zu lagern und das betroffene Bein mit Decken/Kissen zu stabilisieren!

Material:
- Verbandsmaterial
- Material zur Schienung

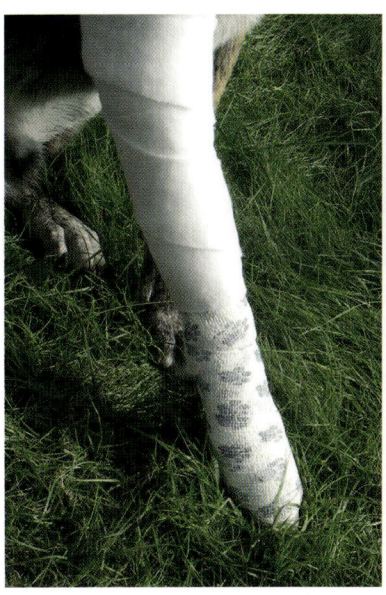

■ *Beinverband*: *Der Beinverband erfolgt »aufbauend« auf den hohen Pfotenverband, so kann der obere Teil auch separat erneuert werden.*

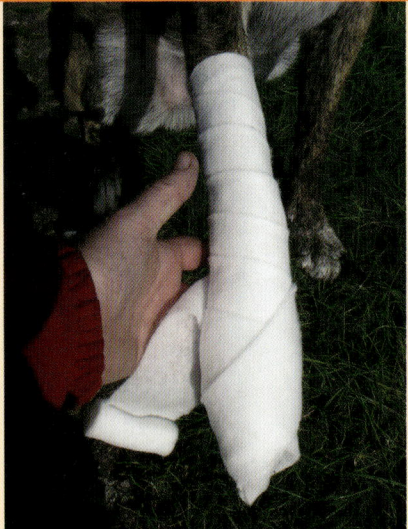

■ **Hoher Pfotenverband**: *Auch hier auf ausreichende Polsterung achten.*

Hoher Pfotenverband

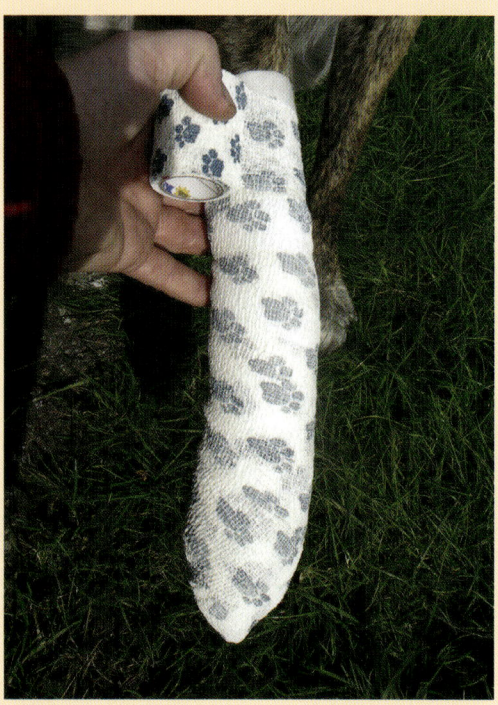

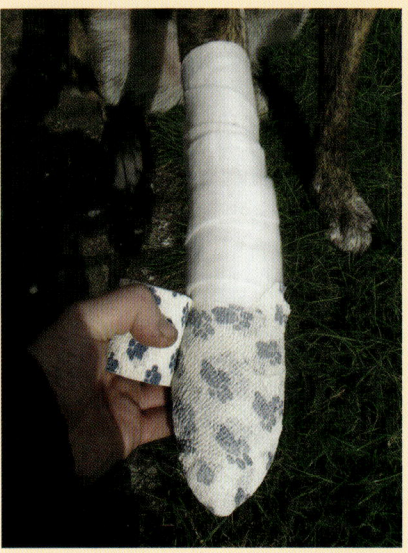

■ *Verbände werden immer von der Pfotenspitze zum Körper gewickelt.*

■ *Der »hohe Pfotenverband« schützt und stabilisiert zum Beispiel das Vorderfußwurzelgelenk.*

2

Rutenverband

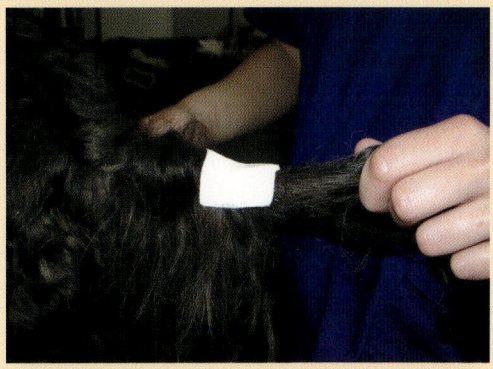

■ **Rutenverband**: *Nach dem Kürzen der Haare, muss die Wunde abgedeckt werden.*

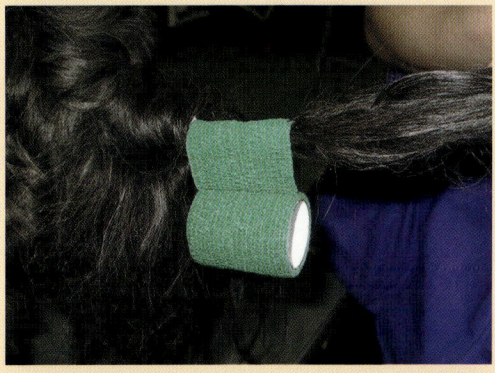

■ *Ohne Polsterung wird vorsichtig gewickelt.*

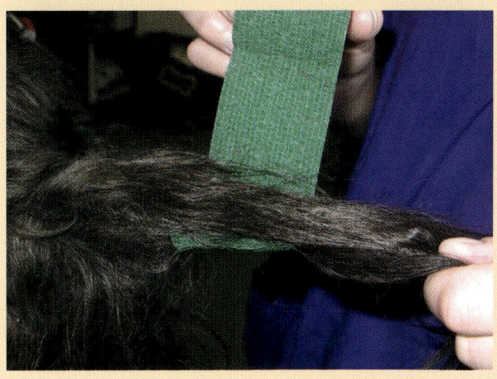

■ *Damit der Verband nicht rutscht, werden bei langhaarigen Hunden bei jeder Windung Haare mit eingewickelt – bei kurzhaarigen Hunden muss er festgeklebt werden.*

2

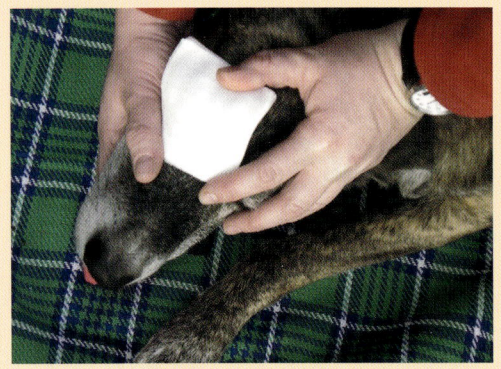

Augenverband

■ **Augenverband**: *Das Auge sollte immer erst mit weichem, nicht flusenden Material abgedeckt werden. Beim Augenprolaps ist die Abdeckung gut anzu feuchten.*

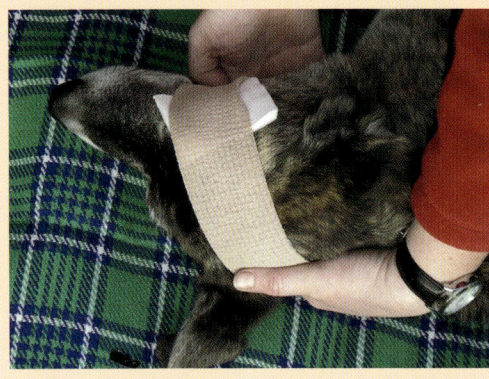

■ *Diagonal wickeln*

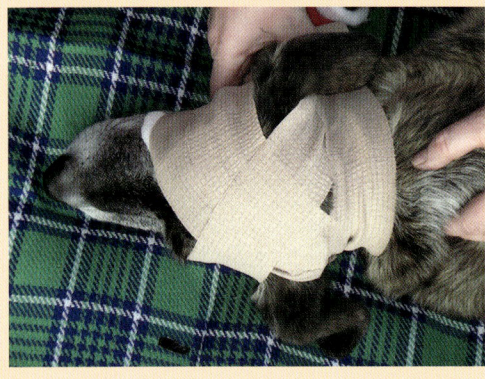

■ *Die Ohren dürfen nicht mit eingewickelt werden.*

2

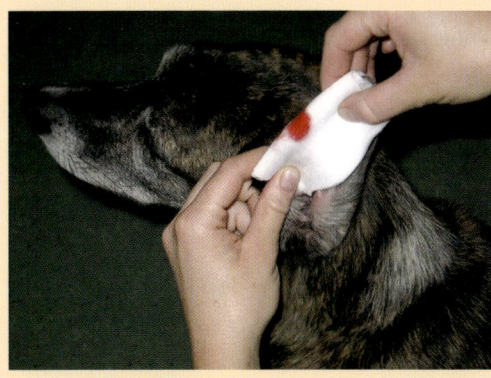

Ohrverband

■ *Ohrverletzungen bluten stark, ein Ohrverband bringt häufig Ruhe in die Verletzung und dient damit der Blutstillung.*

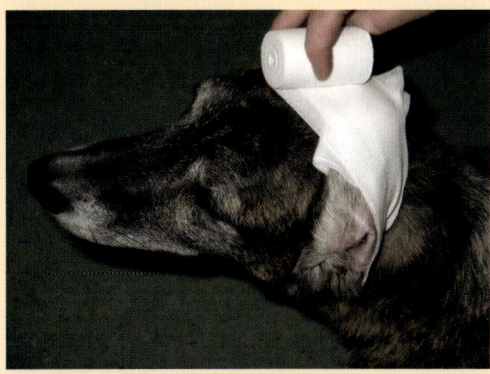

■ *Das verletze Ohr muss immer über den Kopf geklappt werden.*

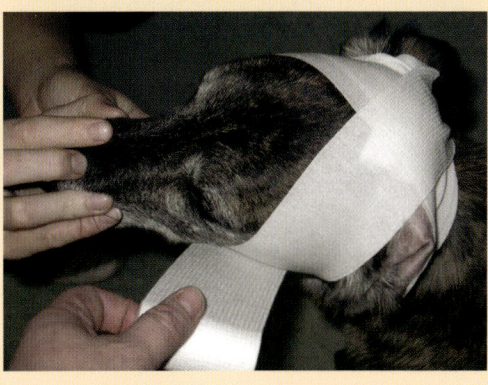

■ *Das gesunde Ohr und der Gehörgang des verletzen Ohres dürfen nicht abgedeckt werden.*

2

Blutungen

Eine Verletzung großer Gefäße kann innerhalb von Minuten zu massiven Blutverlusten führen. Deshalb gehört die Stillung derartig starker Blutungen ebenso wie die Beatmung und die Herzdruckmassage zu den lebensrettenden Sofortmaßnahmen. Die Stillung lebensgefährlicher Blutungen muss immer als erstes vorgenommen werden, vor Herzmassage und Beatmung. Akuter Blutverlust kann durch Verletzung starke Blutungen nach außen oder innen verursachen, ebenso durch Vergiftungen oder Tumore.

Art der Blutung

Generell kann man nicht sagen, dass arterielle Blutungen schwerer sind als venöse. Hier muss man im Einzelfall beurteilen.

Venös: dunkelrot, stetig rinnend
Arteriell: hellrot, pulsierend
Mischblutung: Verletzung von Arterien
                  und Venen

Stärke und Ort der Blutung

Kleinere Verletzungen der Blutgefäße werden durch die Fähigkeit des Blutes zu gerinnen, schon nach wenigen Minuten verschlossen. Bei größeren Defekten ist jedoch eine Abdichtung durch den Gerinnungspfropf nur sehr langsam oder gar nicht möglich, weil das sich bildende Gerinnsel infolge der raschen Blutströmung immerzu fortgespült wird. Hier hilft oft ein Verband, der die Gerinnungsprodukte auf der Wunde hält.

Wunden an den Körperspitzen werden oft überschätzt. Auch kleinere Verletzungen an Rute, Pfoten und Ohren bluten recht stark, lassen sich aber in der Regel ziemlich einfach kontrollieren. Darum ist es nicht Mittel der Wahl, bei stärkeren Blutungen am Schwanz oder Pfote, gleich dass Körperteil abzubinden! Die Verblutungsgefahr ist sehr gering, der Schaden durch das Abbinden jedoch erheblich!

Nasenblutungen können verschiedene Ursachen haben (Trauma, Zahnprobleme, Vergiftung, Tumor, erbliche Erkrankungen ...). Sie können ein- oder beidseitig sein. Es ist schwierig zu beurteilen, wie viel Blut der Hund bei Nasenblutungen verloren hat, da der Hund einen Teil direkt über den Gaumen abschlucken und wiederum einen weiteren Teil direkt mit der Zunge ablecken wird.

Besonderheiten der inneren Blutung

Innere Blutungen entstehen durch Verletzungen eines Organs (zum Beispiel Milz, Leber, Lunge), Zerreißungen eines Blutgefäßes in einer Körperhöhle, durch Tumore oder Vergiftungen. Auch diese Blutungen können in die Kategorie der lebensbedrohlichen Blutungen gehören, deren Ausmaß ist für den Tierbesitzer aber noch schwieriger abzuschätzen. Bei Blutungen in den Brustraum steht neben dem Blutverlust und der resultierenden Schockgefahr, die Behinderung der Atmung im Vordergrund.

■ *Blasse Schleimhäute, ein deutliches Zeichen bei Blutverlust.*

Eine Blutstillung ist für den Laien in der Regel nicht möglich. Die absolute Ruhigstellung des ganzen Körpers kann die Eigentamponade im Gewebe begünstigen.

Symptome bei Blutverlust

Da das Ausmaß des Blutverlustes nicht immer klar ersichtlich ist, zum Beispiel durch Vermischung mit Wasser auf regennasser Straße oder durch Aufsaugen des Blutes durch Verband, Kleidung, Polster oder bei inneren Blutungen.

Hier einige Hinweise:
Bei hohem Blutverlust dominieren die veränderten Schleimhautbefunde und das Verhalten des Tieres.
● Das Verhalten wechselt von Unruhe und Hecheln zu einem späteren Zeitpunkt in Apathie.
● Die Augenäderchen (Episkleralgefäße) sind normalerweise fein gezeichnet, bei starkem Blutverlust sind sie nicht mehr zu sehen.

Dies ist auch für den unerfahrenen Ersthelfer zu erkennen.
● Die Schleimhäute im Maul und Auge haben im Normalzustand eine rosa Farbe, bei starkem Blutverlust werden sie blass bis porzellanweiß.
● Die kapillare Rückfüllung verlängert sich ebenfalls auf deutlich über 2 Sekunden.
Der Puls ist durch den niedrigen Blutdruck schlechter zu fühlen, flach, aber schnell.

Was ist zu tun?
● Blutstillung
● Schockbehandlung

Material:
● Verbandsmaterial
● Eventuell Rettungsdecke

> ### WICHTIG
>
> Das **Gesamtblutvolumen** beträgt zwischen 75(–90)ml/kg KGW, d.h. ein Hund von einem Körpergewicht (KGW) von ca. 12 kg hat etwa 1 Liter Blut = ein Blutverlust von 0,2 l wäre noch kein Problem.
> **Blutverluste** von mehr als 30 % sind kritisch, ab 48 % irreversibel. **Blutspender** sollten mindestens 25 kg Körpergewicht, besser über 30 kg KGW, haben!

Blutstillung
(= Verhinderung weiterer Blutverluste)

Druckverband
Prinzip

Der Druck von außen soll die betroffenen Gefäße komprimieren und die Blutung minimieren.

Bei sehr starker Blutung muss ein so genannter Druckverband angelegt werden. Dieser kann jedoch nicht überall angelegt werden, da er ein festes Widerlager (Knochen) benötigt, mit dessen Hilfe man das Gefäß komprimiert.

Der typische Druckverband findet beim Hund wenig Anwendung – ist, wenn überhaupt, auch nur in bestimmten Bereichen der Gliedmaße möglich.

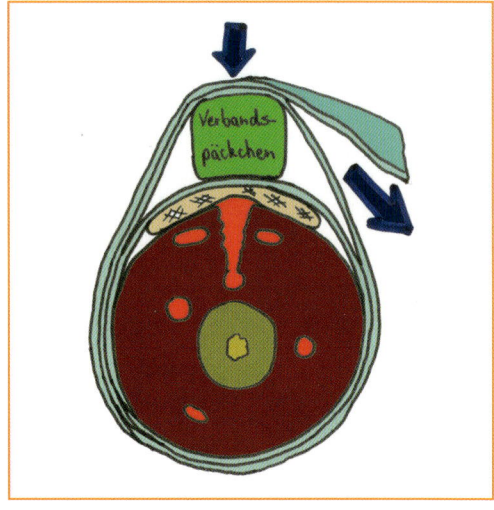

■ *Der Druckverband – das Verbandspäckchen verstärkt den Druck hauptsächlich an der Blutungsstelle. In dieser Form beim Hund nur begrenzt anlegbar.*

WICHTIG

Durch den **Druckverband** ist nur die Blutung zu stoppen und nicht die gesamte Blutversorgung der Gliedmaße zu beeinträchtigen. Da Venen dünnwandiger sind als Arterien und damit der physiologische Blutabfluss zuerst unterbrochen wird, könnte dies eine Anschwellung des Beines und damit ein Verstärken der Blutung bedeuten.

Der korrekt sitzende Druckverband sollte niemals abgenommen, sondern immer nur neu umwickelt werden (möglichst elastische Binden), da sonst mühsam gebildete Gerinnungsprodukte wieder zerstört werden.

Anlegen eines Druckverbandes

Zum Anlegen eines richtigen Druckverbandes eignen sich nur der gerade, distale (vom Rumpf weg) Teil der Gliedmaßen. Es wird dann zuerst die Wunde (möglichst) steril abgedeckt. Dann wird auf die Blutung, auf die der Druck ausgeübt werden soll, ein zweites Druckwiderlager (geschlossenes Verbandspäckchen) gelegt. Jetzt wird diese Konstruktion mit einer möglichst elastischen Binde mit verstärktem Zug umwickelt. Die einzelnen Lagen des Verbandes sollen möglichst mit breiter Basis gewickelt werden.

Meist wird in der Tiermedizin aber eher ein Kompressions-Verband angelegt. Hier wird die Wunde mit einer Wundauflage (zum Beispiel mehrere Lagen Tupfer) abgedeckt und dann wird der Gliedmaßenverband mit wenig Polsterwatte stramm gewickelt. In der Regel ist es vernünftig, die ganze Pfote/Gliedmaße mit einzubinden, dies verhindert, dass der Bereich unterhalb des Kompressions-Verbandes anschwillt.

Abbinden einer Gliedmaße

Das Abbinden einer Gliedmaße (mit möglichst breiten Bändern oder schmalen Gürteln) stellt die letzte Möglichkeit dar, eine Blutung zu stillen, zum Beispiel bei Abriss von Körperteilen, die durch alle anderen Maßnahmen nicht minimiert werden können.

Abgebunden wird immer zwischen Verletzung und Herz, an einer Stelle, die mit Muskulatur gut gepolstert ist. Werden Sehnen abgebunden ist der spätere Schaden oft groß. Das Abbinden führt neben der Blockierung der Blutversorgung der gesamten Gliedmaße und damit zu einem Sauerstoffmangel im Gewebe, auch zur Anhäufung von giftigen Stoffwechselprodukten, die beim anschließenden Lösen der Abbindung den Körper überschwemmen können. Im Weiteren können Nerven und Gefäße geschädigt werden.

Weitere Blutstillung

● Kleinere und mittlere Blutungen stillt man durch längeres Aufdrücken einer (sterilen) Mullkompresse, über die später ein Verband angelegt wird. Der Hund sollte ruhig gehalten werden!

● Vor allem am Hals und Rumpf ist es nicht möglich, einen Druckverband anzulegen. Hier sollte man die Kompressen direkt mit den Fingern auf die Wunde drücken. Wenn es nicht anders möglich ist, kann man versuchen, das blutende Gefäß mit Daumen und Zeigefinger zuzudrücken. Hier gilt »Leben geht vor Sterilität«!

● Hochlagern und Ruhigstellen des blutenden Körperteiles fördert die Blutgerinnung durch Verminderung des Blutflusses.

● Keine Reinigungsversuche der Wunde vornehmen, um die Gerinnungsprozesse nicht zu stören.

● Fremdkörper in der Wunde belassen und entsprechend umpolstern.

● Schleimhautblutungen aus Maul oder Nase stillt man, indem man die betroffene Stelle mit Eis, Kühlakkus oder mit sehr kaltem Wasser kühlt.

Beatmung

Hat man bei der Untersuchung festgestellt, dass zwar der Herzschlag vorhanden ist, aber der Hund nicht mehr atmet, sollte man umgehend mit der Beatmung anfangen.

Mund-zu-Nase-Beatmung

Der Hund sollte bei dieser Technik in die Brustlage gebracht werden. Der Kopf des Tieres wird überstreckt, die vorgezogene Zunge zwischen den Schneidezähnen einge- klemmt. Eine Hand umgreift die Schnauze so, dass die Lefzen das Maul nahezu luftdicht ab- schließen. Dann bläst man seine eigene Aus- atmungsluft durch beide Nasenlöcher des Hundes, indem man die Lippen ganz um den Nasenspiegel legt. Aus hygienischen Grün- den kann ein dünnes Vlies- oder Stoffta- schentuch über die Schnauze gelegt werden (reduziert den Luftstrom!).
Die Atemtiefe wird an der physiologischen Brustkorberweiterung ausgerichtet.
Nach dem Einblasen der Luft geben Sie die Nasenlöcher wieder frei (Schnauzengriff bei- behalten), damit die Luft ausströmen kann.
Während der Beatmung sollte man die Be- wegung des Brustkorbes des Tieres im Auge behalten.

■ *Mund-zu-Nase-Beatmung – der Hund befindet sich in Brustlage – Voraussetzung, das Herz schlägt noch!*

Bei größeren Hunden kann – während der Beatmung – versucht werden, die Spei- seröhre mit Daumen und Mittelfinger ring- bzw. zangenförmig hinter der deutlich zu fühlenden Luftröhre zu komprimieren, damit die gespendete Luft nicht in den Magen ge- langen kann.

Frequenz

Die Beatmung sollte zunächst ca. eine Minu- te durchgeführt werden.
Es wird in dieser Zeit ca. 10 bis 12 mal beat- met, das heißt, ca. drei Sekunden Luft einbla- sen – zwei (drei) Sekunden Nase freigeben. Danach wird für einige Sekunden pausiert, um das Einsetzen der selbstständigen At- mung kontrollieren zu können. Kurze Kon- trolle des Herzschlages!

Tritt nicht sofort eine Eigenatmung ein, muss solange wie eine Herztätigkeit vorhanden ist, weiter beatmet werden.

Brustkorbmassagetechnik

Der Hund befindet sich in rechter Seitenlage. Der Kopf sollte auch gestreckt sein und die Zunge muss seitlich soweit wie möglich heraushängen.

Drücken Sie den Brustkorb im Bereich des größten Rippendurchmessers. Fassen Sie breitflächig mit beiden Händen auf den Brustkorb und drücken Sie ihn nieder. Drücken Sie kontrolliert, nicht hart oder stoßartig.

Eine Hilfsperson kann am Fang den Luftstrom kontrollieren.

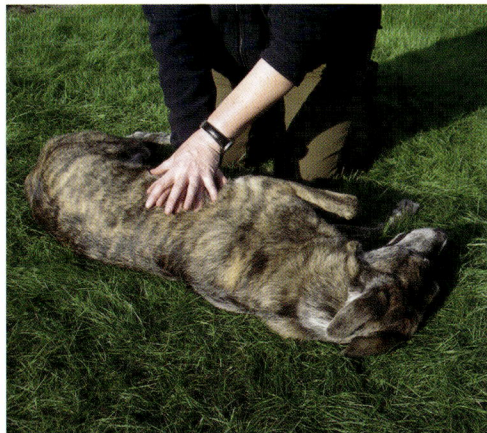

■ *Atemhilfe über Brustkorb-Massage, Hände breit-flächig am größten Brustkorbdurchmesser nieder-drücken.*

Diese Methode darf nicht durchgeführt werden:
- bei Rippenverletzungen oder
- bei Verdacht auf Verletzungen des Brustinnenraumes.

Frequenz

Wie bei der Mund-zu-Nase-Beatmung. Auch hier empfiehlt es sich, von Zeit zu Zeit die Beatmung zu unterbrechen, um die Rückkehr der Spontanatmung kontrollieren zu können.

Reanimation

Unter Reanimation versteht man die Kombination aus kontrollierter Beatmung und Herzmassage. Eine Herzmassage alleine ist nicht sinnvoll, da Tiere ohne Herztätigkeit auch nicht mehr atmen.

Herzmassage

Ziel der Herzdruckmassage ist es, durch rhythmisches Drücken auf den Brustkorb das Herz wieder zum Schlagen zu bringen. Zudem wird mit dem rhythmischen Niederdrücken im Bereich des Herzens, die Pumpbewegung nachgeahmt, mit der ein gesundes Herz das Blut durch den Körper pumpt.

Lagerung

Hund auf die rechte Seite legen. Strecken Sie den Kopf, öffnen Sie das Maul und ziehen Sie die Zunge seitlich heraus. Knien Sie sich vor den Bauch zwischen die Vorder- und Hinterbeine.

Technik

Suchen Sie die Position des Herzens auf. Es liegt zwischen der dritten und sechsten Rippe (hinterm Ellbogen). Eine Hand (linke) wird flach auf den Brustkorb gelegt. Hand und Herz bilden eine senkrechte Gerade. Der Ballen der anderen (rechten) Hand drückt mit einer hohen Frequenz auf die darunter liegende flach aufgelegte Hand. Somit wird die Druckwelle besser verteilt, das Risiko von Rippen- und Thoraxverletzungen wird reduziert.

Frequenz

Einzelne Salven von jeweils 10–15 schnellen Kompressionen und einer anschließenden

WICHTIG

Der Hund liegt bei der **Reanimation** auf der rechten Seite und wird auch zur Beatmung nicht umgelagert.
- Reanimation ohne Hilfe: 10–15 Herzmassagen – dann zwei bis drei Mal beatmen.
- Reanimation mit Helfer: drei bis fünf Herzmassagen – dann einmal beatmen.

etwa ebenso langen Pause in der zwei Mal beatmet werden kann.

Ist man zu zweit, kann man alle drei bis fünf Massagesalven einmal beatmen! Das heißt, der Helfer, der die Herzmassage durchführt, macht nach drei bis fünf Massagesalven eine Pause, in der der zweite Helfer einmal beatmet.

Dieser Zyklus ist dann vier bis fünf Mal zu wiederholen. Nach jeweils einer Minute sollten man die Reanimation unterbrechen, um die Rückkehr der Herztätigkeit kontrollieren zu können.

Faustschlag-Methode

Bei einem plötzlich eintretenden Herzstillstand, der vom Ersthelfer miterlebt wird,

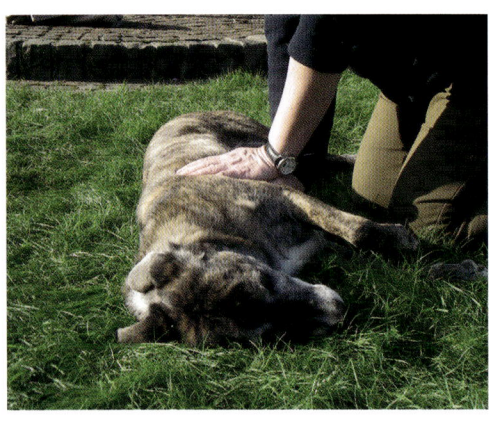

■ Reanimation: Herzdruckmassage und Beatmung finden in rechter Seitenlage statt.

kann in manchen Fällen mit dem Faustschlag, ein Wiedereinsetzen der Herztätigkeit herbeigeführt werden. Ein starker Faustschlag kann wie ein Stromstoß das Herz zum Schlagen anstoßen. Der Schlag erfolgt kräftig mit der Faust aus etwa 30 bis 40 cm Höhe auf die Stelle, wo auch die Herzdruckmassage erfolgt. Führt der Schlag nicht zum Wiedereinsetzen der Herzaktion, muss sofort mit der Herzmassage begonnen werden.

Grundsätzlich ist es nicht immer einfach fest zu stellen, ob ein leblos wirkendes Tier noch am Leben ist oder bereits verstorben ist. Eindeutige Anzeichen des Todes (Muskelstarre, u.a.) treten oft erst nach Ablauf einer längerer Zeit (Stunden) auf. Von daher müssen wir – für einen sofortigen Überblick, in dem Erste Hilfe noch sinnvoll ist – nach Zeichen des Lebens suchen.

Zeichen des Lebens

Findet man einen leblos wirkenden Hund, muss als erstes überprüft werden, ob sich das Tier noch am Leben befindet, bereits tot ist, oder doch nur bewusstlos.

Um schnell einen Überblick über den Zustand des Tieres zu bekommen, achten wir auf die Lebenszeichen!

Gibt es offensichtliche Lebenszeichen?

Ist das Tier ansprechbar?

Gibt es Reaktionen auf Zureden, in die Hände klatschen, vorsichtiges Anfassen?

JA?!

Das Tier lebt! Atmung und Herzschlag sind vorhanden!

Reagiert der Hund nicht auf diese Reize, sollten Sie als nächstes die Atmung überprüfen! Beobachten Sie den Brustkorb – hebt und senkt sich der Brustkorb? Im Zweifelsfall fühlen Sie, ob Sie Bewegung spüren!

Ist die Atmung eindeutig vorhanden, lebt das Tier! Der Herzschlag ist auch vorhanden, denn als erstes setzt immer die Atmung aus, das Herz schlägt dann noch eine ganze Zeit!

Können Sie keine Atmung feststellen, muss ganz dringend Herzschlag bzw. Puls überprüft werden!

Direktes Abhören, fühlen des Herzspitzenstoßes, um das Herz direkt zu überprüfen.

Messung des Pulses am Innenschenkel des Hinterbeines ist ebenfalls möglich.

Ist der Herzschlag vorhanden, muss ganz dringend auch noch mal die Atmung überprüft werden.

Weiter können Sie überprüfen:

Gibt es Reaktionen an den Augen?

● Der Lidreflex – berühren Sie die Augenlider/Wimpern vorsichtig mit der Fingerkuppe – Lidschlag vorhanden?

● Der Pupillenreflex – reagiert die Pupille auf Licht durch Verengung?

● Der Hornhautreflex – berühren der Hornhaut des Auges vorsichtig mit der Fingerkuppe – Lidschlag?

Reagiert das Tier auf Schmerzreiz?

● Kneifen Sie in den Zwischenzehenbereich, ins Nagelbett, oder stechen Sie mit einem spitzen Gegenstand auf einen Knochen!
Reagiert der Hund mit Aufschrecken, Jammern, Tiefdurchatmen?
JA?!
Der Hund lebt!
Weiter Atmung und Herzschlag kontrollieren!

Bitte beachten Sie!

Bei einem gerade verstorbenen Tier ist es ohne Hilfsmittel manchmal schwierig, den Tod fest zu stellen, da das Tier noch warm und die Schleimhaut noch rosa sein können. Das Tier wirkt wie »betäubt«/schlafend.
Andererseits kann ein schwer verletztes, stark ausgekühltes Tier mit sehr flacher Atmung, leisem Herzschlag noch am Leben sein, obwohl es bei oberflächlicher Untersuchung »tot aussieht«!

Wann ist eine Reanimation sinnvoll?

Atem- und Herzstillstand können noch reversibel sein, aber nicht in jedem Fall! Hier muss auf die Ursache des Stillstandes geachtet werden.

Ein Reanimationsversuch, ist immer dann sinnvoll, wenn die Ursache des Herz-Atemstillstands behoben ist. Dies gilt zum Beispiel nach Ertrinkungsunfällen oder Verlegung der Atemwege durch einen Fremdkörper. Ebenso ist es bei Stromunfällen und auch bei (Rauch-)Gasopfern sinnvoll, nach der Bergung, falls notwendig, eine Herz-Lunge-Wiederbelebung zu starten.

Reanimationsversuche sind sinnvoll, wenn der Hund:
● unter Wasser war,
● nach einem Stromschlag,
● nach Rettung aus dem Feuer oder
● bei Gasunfällen.

Das heißt, bei sofort eingesetzten Wiederbelebungsversuchen gibt es eine Möglichkeit, dass das Herz wieder anfängt zu schlagen und eine selbstständige Atmung beginnt.
Als ein sicheres Zeichen des Todes sind alle Verletzungen zu werten, die mit dem Leben nicht mehr zu vereinbaren sind, zum Beispiel, wenn der Kopf vom Körper abgetrennt wurde.

Kapitel 3

Kapitel 3

Häufige Notfälle und Erste Hilfe

Allgemeine Notfälle

Schock

Symptome

- Ansprechbarkeit: Tiere im Schock können anfänglich stark unruhig, später auch teilnahmslos oder bewusstlos sein.
- Temperatur: Tiere im Schock haben durch die Zentralisation eine kalte Körperoberfläche (Haut), besonders schnell macht sich das an den Beinen und Ohren bemerkbar. Aber auch die Körperkerntemperatur fängt an zu sinken.
- Puls: Schneller, schwach fühlbarer Puls
- Herz: schnell, pochend
- Atmung: flache, gesteigerte Atmung, zum Teil Hecheln
- Schleimhäute: Die Schleimhäute sind in Folge der peripheren Gefäßverengung oder durch den großen Blutverlust, blass oder sogar weiß. Die Kapillarrückfüllungszeit ist über zwei Sekunden.

Ursachen

Ein Schock stellt immer einen lebensbedrohlichen Zustand als Folge eines akuten Kreislaufversagens dar! Medizinisch betrachtet ist der Schock eine Fehlverteilung des Blutes, die zu einer unzureichenden Bereitstellung von Sauerstoff und Nährstoffen in den Geweben/Organen führt. Daraus resultiert eine Herabsetzung des Sauerstoffgehaltes und im weiteren eine Übersäuerung in den betreffenden Geweben, die dabei stark geschädigt werden oder sogar absterben können. Eine derartige Fehlverteilung des Blutes kann aus verschiedenen Gründen erfolgen:

Verminderung des Blutvolumens
(absoluter Volumenmangel)

- durch Reduktion der zirkulierenden Blutmenge bei einem Blutverlust nach innen oder außen
- als Folge eines Wasser- oder Salzverlustes, zum Beispiel nach starkem Erbrechen oder Durchfällen
- bei Verbrennungen, durch Verluste von Plasma, Wasser, Elektrolyte und Gewebsschäden durch toxische Resorption

Minderung/Störung der Herzleistung

- Kann auftreten als Folge eines Herzinfarkts oder einer massiven Lungenembolie
- Nach Unfällen mit Verletzung der Brustorgane entsteht eine mechanische Behinderung der Herztätigkeit (zum Beispiel Herzbeuteltamponade).

Vergrößerung des Gefäßvolumens
bei gleich bleibendem Blutvolumen
(relativer Volumenmangel)

- Durch Fehlsteuerung des Gefäßvolumens (relativer Volumenmangel). Diese Fehlsteuerung wird verursacht durch Infektionen, Gifte (Endotoxinschock) allergischen Reaktionen (anaphylaktischer Schock), aber auch durch Schmerz, Angst, Schreck.
- Plötzlicher Wärme- oder Kältereiz (neurogener Schock)

3

Ablauf des Schockgeschehens

Egal, welche Ursache zugrunde liegt, es kommt immer zu einem rapiden Blutdruckabfall. Dies hat eine Unterversorgung mit Sauerstoff in den Geweben zur Folge. Der Körper versucht, den Verlust auszugleichen, das heißt, durch Nerven-/Hormonstimulation = Adrenalinausschüttung wird eine Engstellung der äußeren und kleinen Gefäße veranlasst. Dadurch werden vor allem Haut, Eingeweide, Muskulatur, aber auch die Nieren weniger durchblutet. Die Gefäße des Herzens und des Gehirns werden nicht verengt.

Das noch vorhandene Blut wird umverteilt in primär lebenswichtige Organe (kleiner Kreislauf: Herz/Lunge/Gehirn). Gleichzeitig kann eine Erhöhung der Herzfrequenz und Steigerung der Herzkraft einen nennenswerten Blutdruckabfall über eine gewisse Zeit verhindert werden. Der kleine Kreislauf (Herz/Lunge/Gehirn) kann eine Zeit lang aufrecht gehalten werden. Diese Situation nennt man Zentralisation!

Bleibt die Schockursache bestehen, so reichen die Kompensationsmaßnahmen über längere Zeit nicht aus! Der Puls steigt immer mehr an, der Blutdruck fällt ab, die Störung im Bereich der kleinsten Gefäße und Kapillaren schreitet fort. Die Nieren stellen beim Unterschreiten eines bestimmten Blutdruckes ihre Tätigkeit ein! Daraus resultiert, dass harnpflichtige Substanzen nicht mehr ausgeschieden werden. Auch die Lunge wird durch die Störung in der Mikrozirkulation irreversibel geschädigt, was eine weitere Behinderung der Sauerstoffaufnahme bedeutet. Die Folge, das Tier stirbt!

Wird die Schockursache rechtzeitig behoben oder eine Schockbehandlung vorgenommen, so führen die Kompensationsmaßnahmen des Körpers zu einer Normalisierung der Kreislauffunktion. Die Pulsfrequenz geht zurück, die peripheren Gewebe erweitern sich, und die Störung im Bereich der Mikrozirkulation wird rückgängig gemacht.

Was ist zu tun?

Schockbekämpfung

Durch eine gute Erstversorgung kann dem verletzten Tier oft wesentlich geholfen werden.

Ganz wichtig:
- Blutstillung
- Lagerung
- Kreislaufstabilisierung

Eine zusätzliche Kreislaufstabilisierung kann durch elastische Binden erzielt werden, die an den Gliedmaßen von den Zehen Richtung Körper zirkulär angelegt werden. Das Gefäßvolumen wird dadurch verringert, was einer relativen Volumenauffüllung zur Schockprophylaxe nahe kommt.

Wärmeverlust vermeiden – das Auskühlen des verletzten Tieres soll nur durch Zudecken und Legen auf eine Decke verhindert

3

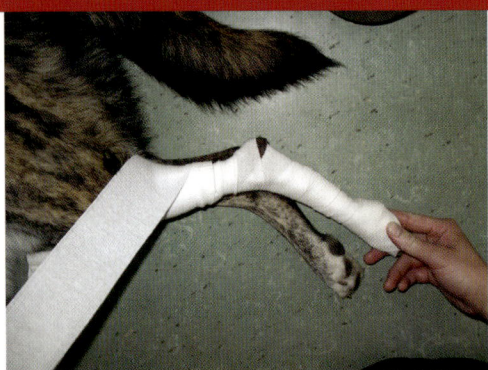

■ *Schockwickel – elastische Binden werden von den Pfoten Richtung Körper gleichmäßig und stramm gewickelt.*

werden. Man darf nicht von außen Wärme zuführen, denn dadurch könnten sich die Hautgefäße wieder weit stellen und die Zentralisationsmaßnahmen des Körpers zunichte machen!

Kontrolle der vitalen Funktionen:
Puls, Atmung und Temperatur sind in regelmäßigen Abständen zu kontrollieren. Der Hund sollte in dieser Zeit keine Nahrung aufnehmen. Auch ist es sinnlos, eventuelle Blut-/Flüssigkeitsverluste dadurch auszugleichen, dass der Hund Flüssigkeit trinkt.
Die psychische Betreuung des Tieres ist wichtig. Ein Tier, das durch ein schweres Trauma verletzt worden ist, ist oft ängstlich (kann beißen!) und unruhig. Zusätzliche Unruhe in der Umgebung wirkt sich nachteilig aus, deshalb sollte man es bis zum Transport zum Tierarzt von der Hektik an der Unfallstelle, eventuell mit Zuschauern, schützen.

Anfälle

Krämpfe sind keine eigene Erkrankung, sondern immer nur ein Symptom, hinter dem verschiedene Erkrankungen stecken können. Sie sind, wenn sie nicht in Zusammenhang mit lebensbedrohlichen Problemen, wie Leberversagen, Schädelverletzungen, Hitzschlag, Vergiftungen auftreten, nicht akut lebensgefährlich.
Man unterscheidet zwei Formen von Anfällen. Auf der einen Seite die hypokinetischen Anfälle, das Tier bricht wie ohnmächtig zusammen, bewegt sich kaum mehr. Sie sind in der Tiermedizin eher selten. Auf der anderen Seite sind es die hyperkinetischen Anfälle – die Tiere zeigen dabei in der Regel deutliche Muskelkrämpfe der Gliedmaßen- und der Kiefermuskulatur.

Unterzuckerung

Die Unterzuckerung ist eine lebensbedrohliche Stoffwechselstörung, die Symptom von verschiedenen Grunderkrankungen sein kann.

Symptome:
● Nervosität
● Ruhelosigkeit
● Müdigkeit
● Schwäche
● Krämpfe
● Koma

3

Ursachen

Hierzu gehören vor allem

- insulinproduzierende Tumore (Insulinom)
- Lebererkrankungen
- Septikämien
- Insulinüberdosierung durch den Besitzer
- Fehlende Nahrungsaufnahme bei Jungtieren bestimmter Zwergrassen

Der Blutzucker (Glucose) ist der wichtigste Energielieferant für das zentrale Nervensystem und reagiert auf einen deutlichen Abfall sehr empfindlich. Die verschiedenen Symptome sind abhängig vom Schweregrad und den vorhanden Gegenkompensationsmechanismen.

Was ist zu tun?

- Orale Gabe von Traubenzucker
- Temperaturüberwachung
- Hund warm halten

Epilepsie
Symptome

- Krampfen des ganzen Körpers
- Umfallen
- Speicheln
- schaumig Speicheln
- Bewusstseinsstörungen

Die Anfälle beginnen in der Regel ganz plötzlich manchmal kann man vorher eine Änderung im Verhalten des Hundes erkennen, wie zum Beispiel Aufhorchen, »Fliegen-

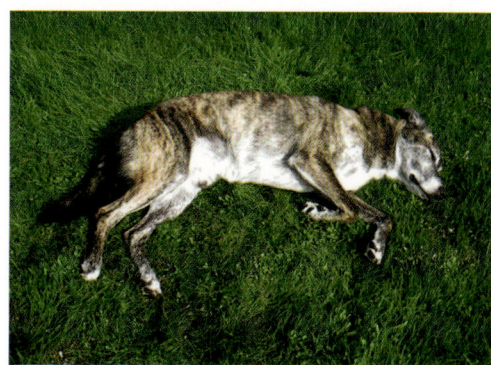

■ *Bei starken epileptischen Anfällen, fallen die Hunde auf die Seite und krampfen.*

schnappen« oder Unruhe. Symptome und Ausprägung dieser Anfälle können stark variieren. Von unkontrollierten Zuckungen einzelner Muskelgruppen oder Kopfschütteln, die nur wenige Sekunden bis Minuten dauern, bis hin zu massiven Krampfanfällen (zum Teil 15 Minuten bis Stunden) mit Bewusstseinsverlusten oder gar Dauerkrämpfen (Status epilepticus) aus denen der Hund ohne medizinische Hilfe nicht mehr herauskommt, sind alle Varianten möglich.

Während eines starken epileptischen Anfalls kann der Hund seinen Körper oft nicht mehr kontrollieren und nicht mehr reagieren. Er kann umfallen, spontan Urin oder Kot absetzen und stark schaumig speicheln.

Nur bei ganz leichten Anfällen reagiert der Hund auf Ansprechen oder andere Reize. Typisch ist, dass der Hund nach dem Ende der Krämpfe und einer Erholungs- und Orientierungsphase wieder »ganz normal« zu sein scheint. Häufig trinken Hunde nach einem epileptischen Anfall viel und haben Heißhunger.

Ursachen

Bei der Epilepsie handelt es sich um eine Störung im Gehirn. Bei bestimmten Rassen, wie Pudel, Schnauzer, Beagle, Collie und verschiedenen Jagdhundrassen findet man häufig eine angeborene Neigung zu epileptischen Anfällen. Die Anfälle beginnen in der Regel frühestens ab dem zweiten Lebensjahr.

Die genaue Ursache der Epilepsie ist noch nicht bekannt. Jedoch gibt es eine familiäre Häufung in bestimmten Linien und Rassen. Ein Anfall wird oft durch verschiedene Stressfaktoren begünstigt. Beim Rüden schonmal durch starke sexuelle Stimulation.

Jedoch tritt der Anfall meist in der Ruhephase auf, so dass er aus dem Nichts zu kommen scheint.

Was ist zu tun?

Starke Krampfanfälle, egal welcher Ursache, bedeuten immer eine erhebliche Verletzungsgefahr, sowohl für das Tier, als auch für den Helfer. Um eine andere Erkrankung, als eine Epilepsie auszuschließen, sollte der Hund einem Tierarzt vorgestellt werden. In der Regel wird die Epilepsie durch Ausschluss aller anderen Möglichkeiten diagnostiziert. Darum ist es wichtig, Art, Häufigkeit und Umfang des Anfalles zu notieren. Dazu

gehören: Datum, Uhrzeit, Länge des Anfalles, Symptome (zum Beispiel Umfallen, Speicheln, starke Krämpfe), Ansprechbarkeit, wichtige Ereignisse an diesem Tag (zum Beispiel Gewitter, positiver Stress).

Während des Krampfes ist ein gewaltsames Gegenhalten der unkoordinierten Bewegungen des Tieres nicht zu empfehlen. Polstern Sie das krampfende Tier nach allen Seiten ab, so dass es sich nicht verletzt. Je nach Ausprägung der Krämpfe, können die Kontrolle der Ansprechbarkeit/Bewusstseinslage und die Sicherung der Vitalfunktionen sehr wichtig sein. Manche Krampfanfälle werden durch Reize zusätzlich verstärkt. Berührungen, Lärm oder grelles Licht sind in diesen Fällen zu vermeiden. Manchmal kommt es bei solchen Anfällen vor, dass sich der Hund auf die Zunge beißt. Dies kann verhindert werden, in dem man ihm – falls möglich – ein Stückchen Holz zwischen die Zahnreihen schiebt. Aber vorsichtig, Kieferbruchgefahr! Niemals mit den Fingern ins Maul fassen, zum Beispiel um Erbrochenes, Schaum oder anderes aus dem Maulraum zu entfernen. Immer ein Stöckchen oder Spatel dafür nehmen und das Maul mit einem Stück Holz aufhalten. Beim krampfartigen Zubeißen entstehen wahnsinnige Kräfte, die zum Teil einige Zeit anhalten. Schwere Verletzungen der Finger sind dann zu erwarten. Auf dem Transport muss der Hund weiter gesichert werden, möglichst nur mit Begleitperson fahren.

3

Notfall-Medikamente

Bei bekannter Epilepsie gehören Rektaltuben/Zäpfchen mit Diazepam ins Notfall-Gepäck. Diese können auch stark krampfenden Hunden rektal verabreicht werden.

Bissverletzungen

Symptome:
- Speichelspuren im Fell
- Eventuell kleine kahle Stellen oder Wunden
- Blutungen
- Blutergüsse
- Typische Verteilung der Wunden

Vor allem die Eckzähne hinterlassen oft tiefe, manchmal nur lochförmige Verletzungen. Orientieren kann man sich an Speichel- und Blutspuren im Fell.

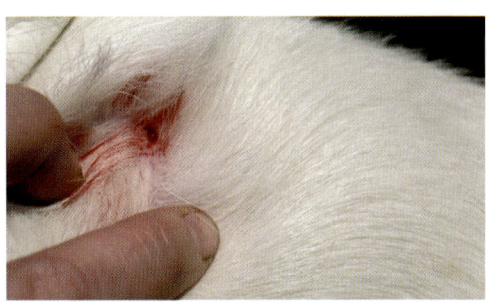

■ *Einzelne Bisswunde am Hals, Hinweis gebend war die im weißen Fell deutlich zu sehende Blutspur.*

Ursachen

Die meisten Bissverletzungen werden durch Streitigkeiten unter Hunden verursacht. Gelegentlich aber auch mal durch Angriffe von anderen Tieren, wie Bisamratte, Fuchs oder Katze. Ist zu befürchten, dass bei der Beißerei die Haut Schaden genommen hat, sollte man den Hund systematisch untersuchen.

Was ist zu tun?

In der Regel ist es vernünftig, mit der Untersuchung im Kopf- und Maulbereich anzufangen, nicht vergessen, die Ohren zu kontrollieren; später Brust, Nacken, Rücken, Beine und Bauch. Wichtig zu wissen ist, dass, findet man eine Verletzung, muss immer nach einer zweiten Spur des anderen Reißzahnes gesucht werden (Abstand je nach Maulgröße des Angreifers). Hat man diese gefunden, überprüft man noch, ob die andere Kieferhälfte (Ober-/Unterkiefer) auch Wunden verursacht hat (= Gegenbiss). Die Quet-

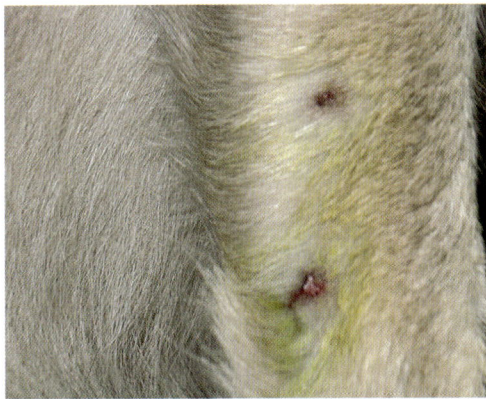

■ *Bissverletzung: Ganz deutlich sind die Wunden von den beiden Fangzähnen an der Gliedmaße zu sehen.*

3

schung (Blutergüsse) des umliegenden Gewebes (Muskeln, Sehnen) verursacht zum Teil starke Schmerzen und an den Gliedmaßen auch Lahmheit.

Immer zu berücksichtigen ist, dass durch die Beißerei tiefe Taschen in die Unterhaut gerissen werden können. Muskelblutungen und Serome (Ansammlung von Wundflüssigkeit) sind die Folge. Durch den Speichel gelangen dann verschiedene Arten von Bakterien tief in die Wunde. Dies gilt auch oder gerade für kleine Verletzungen, die oberflächlich zuheilen, aber mit Entzündungen (Schwellung, Fieber) und Eiterung in der Tiefe einige Tage später wieder Probleme machen.

Bissverletzungen, bei denen die Haut perforiert wurde, sollten immer dem Tierarzt vorgestellt werden, da die Infektionsgefahr sehr hoch ist! Die Größe der Wunde ist dabei unerheblich (Eisbergprinzip!). Hat man Verletzungen zu Hause gefunden, ist es sinnvoll, die Haare an der Wunde zu kürzen, um ein Verkleben mit der Wunde zu verhindern und ein Wiederfinden beim Tierarzt zu erleichtern.

Wunden, die noch tierärztlich untersucht werden sollen, sollten nicht mit Salben oder Sprays behandelt werden. Möglich, bzw. sinnvoll sind Kühlung der Wunde oder Abdeckung mit Verbandsmaterial, um sie vor weiteren Schäden zu bewahren! Bissverletzungen sollten in den ersten Stunden (sechs bis acht Stunden) tierärztlich versorgt werden.

Material
- Schere
- Tupfer
- Verbandsmaterial

Autounfall

Kommt es mit einem Hund zu einem Unfall im Straßenverkehr, ist neben der Ersten Hilfe am Tier noch auf weitere Punkte zu achten. Als erstes muss die Unfallstelle abgesichert werden! Das heißt, Warnblinklicht anstellen und Warndreieck aufstellen! Dies ist unerlässlich, um nicht Schuld an Folgeunfällen zu sein. Auf großen Straßen und Autobahnen gehören Hund und Helfer hinter die Leitplanke, erst dort sollte der Hund untersucht und Erst-Hilfe-Maßnahmen vorgenommen werden.

Am Hund können Autounfälle eine Vielzahl von Verletzungen erzeugen! Umso wichtiger ist es eine systematische Untersuchung (Body-Check) vorzunehmen. Nur zu leicht lässt man sich von offensichtlichen Verletzungen ablenken und eventuell wesentlich gefährlichere Probleme, die lebensbedrohend sind, werden nicht bemerkt!

Symptome
Leicht zu erkennen sind:
- Offene Hautverletzungen
- Blutungen nach außen
- Knochenbrüche der langen Röhrenknochen
- Bewusstseinsstörungen
- Krämpfe

3

Für den Laien nicht so einfach zu erkennen sind vor allem innere Verletzungen, wie:

- Milzriss
- Leberriss
- Zwerchfellriss
- Harnblasenriss
- Nierenabriss
- Beckenbrüche

Diese verursachen aber oft schwere lebensgefährliche innere Blutungen!

Wurde der Unfall nicht miterlebt, helfen einige gezielte Fragen, das Verletzungsmuster einzuschränken und geben auch für den später behandelnden Tierarzt wichtige Hintergrundinfos!

- Was ist passiert?
- Wie ist es passiert? Aufgrund dieses Wissens kann man schon einige Rückschlüsse auf Verletzungen ziehen (zum Beispiel, der Hund

■ *Vorsichtiges Ansprechen des verunglückten Hundes an der Kruppe.*

wurde vom Auto am Kopf getroffen oder ist durch die Luft geflogen).

- Wann ist es passiert? Man kann zum Beispiel Rückschlüsse ziehen, wie viel Blut der Hund verloren hat, oder in welchem Schockstadium sich er befindet.

Was ist zu tun?

An der Unfallstelle

Die Überprüfung der Vitalfunktion (Herz/Atmung) ist vor allem bei Hunden, die regungslos am Boden liegen, das Wichtigste!

Der zweite Blick sollte immer – bei jedem Hund – auf die Schleimhäute (Maul, Augen) und die Augenäderchen (Episkleralgefäße) fallen, um die Kreislaufsituation abzuklären.

Blasse, weiße Schleimhäute und fehlende Augenäderchen sind ein Indiz für ein starkes Schockgeschehen bzw. starke Blutungen.

Erst nach Abklärung dieser lebenswichtigen Parameter, darf die Aufmerksamkeit den offenen Wunden, unphysiologische Körper- bzw. Beinhaltung oder fehlenden Reaktionen (keine Bewegung in den Hinterbeinen/ Schwanz) gelten.

Je nach Verletzungsmuster sollten folgende Maßnahmen auf jeden Fall vorgenommen werden:

- Starke Blutungen verbinden
- Hund auf eine Decke auf die rechte Seite legen (vor Auskühlung von unten schützen)
- Schocklage (falls es die Verletzungen erlauben)
- Eventuell den Hund zudecken

3

Später:
- Schleimhäute weiter kontrollieren
- Beobachten, ob der Hund Urin absetzt
- Hund auf jeden Fall zur weiteren Abklärung einem Tierarzt vorstellen

Material
- Warndreieck
- Verbandsmaterial
- Rettungsdecke bzw. normale Decke

Stromunfälle

Das oberste Gebot bei Stromunfällen ist der Selbstschutz!

Durch das unbedachte Berühren eines noch in den Stromkreis eingebundenen Tieres, könnte auch der Helfer zum Stromopfer werden.

Symptome

An den Ein- und Austrittsstellen des Stroms sind die so genannten Brandmarken zu erwarten. Dies können kleine, kaum sichtbare schwarze, punktförmige, aber auch schwerwiegende Brandverletzungen durch die Hitzeentwicklung sein. Die Eintrittsstellen sind in der Regel das Maul oder die Pfoten, so dass diese nach Verbrennungen, Schwellungen und Verletzungen nach Abstellen des Stromes abgesucht werden sollten! Bei Verbrennungen der Zunge muss sorgfältig auf Erstickungsanzeichen infolge einer Schwellung der Zungenwurzel geachtet werden.

Stromaustrittstellen sind die Pfoten oder andere Körperteile, die Erdkontakt hatten. Die Reizleitung des Herzens kann durch den von außen angelegten Strom gestört werden. In diesem Fall tritt Kammerflimmern und anschließend Herzstillstand ein.

Stromschläge durch Elektrozäune, wie sie für Pferde-, Schaf- und Rinderweiden verwendet werden, sind für Hunde ein schmerzhaftes und erschreckendes Erlebnis, für seine Gesundheit aber in der Regel ungefährlich.

Ursachen

Größte Gefahrenquellen daheim sind Stromkabel, die aus Langeweile oder Neugier angekaut werden. Dementsprechend sind es auch die Junghunde, die verunglücken. Durch anhaltende Muskelverkrampfung der Kaumuskulatur ist es oft für den Hund nicht möglich, das Stromkabel selbst wieder loszulassen oder sich aus dem Gefahrenbereich wegzube wegen. Aber auch durch Blitzschlag oder durch das Betreten feuchter Umgebung, die unter Strom steht, kann der Hund ein »Stromopfer« werden.

Was ist zu tun?

Die wichtigste Maßnahme ist, das Tier vom Strom zu lösen. Deshalb sollten folgende Punkte kontrolliert werden:
- Kann ich den Strom durch Herausziehen des Steckers abschalten? Dies ist am einfachsten!

3

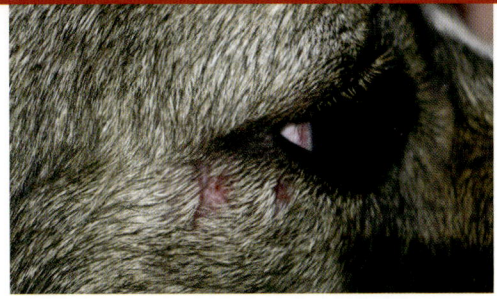

■ *Oberflächliche Verletzung des Augenlides nach einer Bissverletzung.*

- Kann ich den Strom durch Entfernen der Sicherung unterbrechen?
- Wo ist der Sicherungskasten? Gleich die Hauptsicherung nehmen!

Kann ich das Tier nur durch Wegziehen (-stoßen) vom Stromleiter trennen?

- Das Tier darf nur mit isolierendem Material berührt werden! Zum Beispiel Holzbesen, dicke Gummihandschuhe, mehrfache Lagen Textilien.

Ist der Hund vom Strom gelöst, gilt die Aufmerksamkeit sofort den Vitalfunktionen (Bewusstsein, Herz und Atmung):

- Atmet das Tier, bringt man es in die stabile Seitenlage und kontrolliert weiter Herz und Atmung.
- Bei Herz- und Atemstillstand leitet man entsprechende Reanimationsmaßnahmen ein.
- Kontrolle von Maul, Pfoten und Körper nach Verletzungen.

Augennotfälle

Plötzliche Veränderungen am Auge, deren Ursachen sehr vielfältig sein können, sind immer als Notfälle zu betrachten. Wir können sie in zwei große Gruppen einstufen:
Es handelt sich um alle Veränderungen am Auge, die durch ein Trauma entstanden sind. Sowie alle Augenerkrankungen, die schnelle und aggressive Veränderungen bewirken.
Die Symptome variieren je nach Ursache und Ausprägung. Auffallend sind immer Blutungen nach außen und starke Schmerzen, denn hier blinzelt der Hund extrem oder kneift das Auge zusammen und wirkt verstört. Der Hund wird in solchen Fällen versuchen, sich mit der Pfote/dem Bein am Auge zu kratzen oder mit der Kopfseite des betroffen Auges über den Boden reiben. Während leichte Veränderungen oft nur durch den verstärken Augenausfluss und eine dezente Rötung der Bindehäute erkannt wird. Starke Eiterungen treten erst in der zweiten Phase der Erkrankung auf.

Verletzung der Augenumgebung (Lider)
Symptome
- Blutungen am Auge
- Offensichtliche Wunden
- Schmerzen

Ursachen
Solche Verletzungen werden meist verursacht durch Beißereien! Aber auch andere

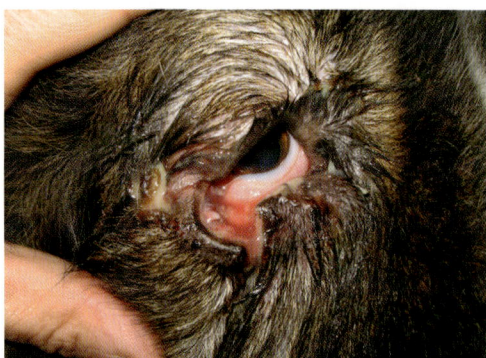

■ *Starke Verletzung des Lidrandes – hier sollte eine chirurgische Versorgung vorgenommen werden, um weiterhin einen vollständigen Lidschluss zu gewährleisten.*

Traumen, wie Autounfälle und Stürze verursachen Biss-, Platz- bzw. Kratzwunden, die unterschiedlich stark bluten können, in Verbindung mit Schwellungen und Blutergüssen. Verletzungen des Augenlidrandes sollten besonders beachtet und immer dem Tierarzt vorgestellt werden. Denn viele Lidrandverletzungen sollten genäht werden, um weiterhin einen kompletten Lidschluss zu gewährleisten. Zudem sind weitere Verletzungen (zum Beispiel der Hornhaut) nicht auszuschließen.

Was ist zu tun?
- Hund daran hindern, die Situation zu verschlimmern
- Wunduntersuchung – Fremdkörper?
- Tierarzt aufsuchen

Material
- Licht/Taschenlampe
- Tupfer
- Isotonische Spülflüssigkeit
- 10ml/20ml Spritzen
- Verbandsmaterial
- Kragen

Schwellung der Augenlider
Symptome
- Schwellung des Ober-/Unterlides
- Erst Schmerzen, später Juckreiz

Ursachen
Wenn ein Trauma auszuschließen ist, werden gerade im Sommer starke Schwellungen des Oberlides, ohne weitere Verletzung, häufig durch Bienen-/Wespenstiche verursacht. Hunde wälzen sich auf der Wiese und überrollen dort sitzende Insekten. Die Hunde jaulen kurz auf und versuchen, sich das schmerzende Lid am Bein oder im Gras zu scheuern.

Was ist zu tun?
- Schwellung kühlen
- Wichtig ist, das Tier daran zu hindern, die Situation zu verschlimmern – wenn vorhanden Kragen aufsetzen!

Material
- Halskragen
- Fremdkörper-Pinzette/Zeckenzange
- Kühlakku

3

Herausfallen des Augapfels

Symptome
- Augapfel hängt aus Augenhöhle
- Schmerzen
- Blutung

Ursachen

Bei Hunden tritt der Prolaps des Augapfels häufig nach Bissverletzungen oder auch Autounfällen auf. Bei kurznasigen Hunden, wie Pekingesen, Shih Tzu, Zwergspitz, ist nicht einmal immer ein Trauma notwendig, es kann schon durch ungeschicktes Festhalten im Nackenfell oder Herunterspringen des Hundes vom Sofa entstehen.

Was ist zu tun?

Rasches Handeln ist notwendig!
Der prolabierte Augapfel sollte ganz dringend feucht gehalten werden. Professioneller Weise kann dies mit Tränenersatzmitteln vorgenommen werden. In Notfällen reicht aber auch ein Anfeuchten mit Wasser.
Wichtig ist, das Tier daran zu hindern, die Situation zu verschlimmern! Um den Hund davor zu bewahren, sein Auge durch Scheuern weiter zu schädigen, ist es sinnvoll einen Augenverband anzulegen, in den dann eine feuchte Gaze eingearbeitet wird.
- Wenn vorhanden, Kragen aufsetzen
- Sofort den Tierarzt aufsuchen
- Hund nicht mehr füttern, da die Reposition in Narkose erfolgt.

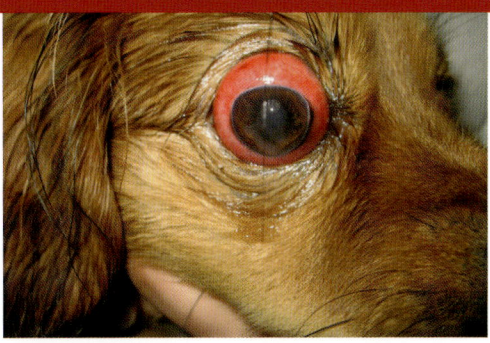

■ *Der Augapfel sitzt nicht mehr in der Augenhöhle, sondern quillt heraus. Hier ist Eile geboten! Der Augapfel sollte so schnell wie möglich reponiert werden.*

Material
- Tupfer
- Isotonische Spülflüssigkeit/Tränenersatzmittel
- 10ml/20ml Spritzen
- Verbandsmaterial
- Kragen

Oberflächliche Hornhautverletzungen/-veränderungen

Symptome
- Rötung des Auges
- Deutliche Schmerzen
- Vermehrter Tränenfluss
- Später eitriger Ausfluss
- Später Trübung auf Hornhaut

Hornhautverletzungen sind beim Hund häufig und in der Regel sehr schmerzhaft. Im akuten Fall kneift der Hund das Auge zu.

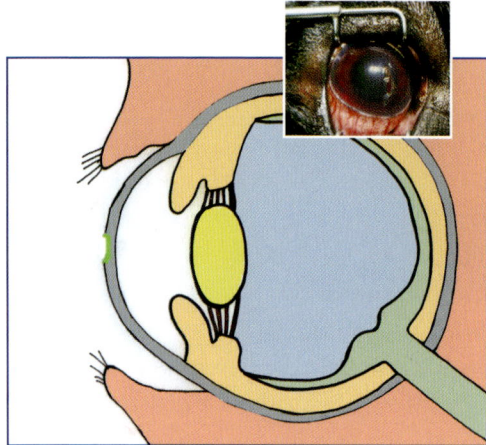

■ *Schematische Darstellung einer oberflächlichen Hornhautverletzung.*

Aber sonst ist oft erst einmal nicht viel zu sehen. Durch die starke Schmerzhaftigkeit versuchen viele Hunde, ihr Problem durch Scheuern zu beheben. Erst im späteren Stadium wird Entzündungssekret sichtbar.

Ursachen

Hornhautverletzungen entstehen durch Gewalteinwirkung auf den Augapfel, wie zum Beispiel Schlag, Stoß, Ast-/Zweigkratzer, Verätzungen oder Fremdkörperreibung.

Was ist zu tun?

● Wichtig ist es, das Tier daran zu hindern, die Situation zu verschlimmern – falls vorhanden Kragen aufsetzen!
● Falls möglich, sollte man versuchen, sich das Auge genau anzuschauen, um das Ausmaß der Veränderung wahrzunehmen!

● Falls ein Fremdkörper frei im Bindehautsack liegt, kann er mit einem feuchten Q-Tipp-Stäbchen entfernt werden. Auge bei schwerer Verletzung der Hornhaut nicht spülen.
● Unverzichtbar ist die Spülung dagegen bei Verätzungen der Hornhaut, um die Chemikalie aus dem Auge zu entfernen und damit eine weitere Schädigung zu verhindern.
● Lauwarmes Leitungswasser mit sanftem Strahl (eventl. mit 10ml/20ml Spritze), ist durchaus geeignet, besser ist physiologische Kochsalzlösung oder Augenspülflüssigkeit – aber nicht immer vorhanden (siehe auch »Verätzung der Hornhaut«).

Material

● Licht/Taschenlampe
● Tupfer
● Wattestäbchen
● Isotonische Spülflüssigkeit
● 10ml/20ml Spritzen
● Verbandsmaterial
● Kragen

Perforierende Hornhautverletzungen

Symptome

● Schmerzen – starkes Zukneifen des Auges
● Unbekannte Strukturen »auf« Hornhaut

Ursachen

Sie entstehen, wenn der Hund durchs Unterholz/Dickicht läuft, und sich dabei mit

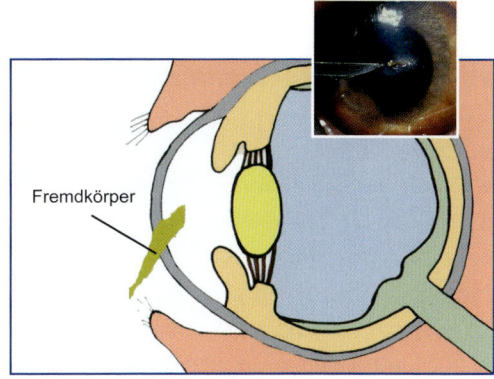

■ *Schematische Darstellung einer penetrierenden*
Fremdkörperverletzung.

Dornen oder Stacheldraht die Hornhaut
komplett einreißt. Durch den Riss können
innere Strukturen des Auges (Glaskörper,
Iris, Linse) nach außen treten. Auch diese
Veränderung ist stark schmerzhaft.

Was ist zu tun?
● Wichtig ist, das Tier daran zu hindern, die

Situation zu verschlimmern – falls vorhanden, Kragen aufsetzen!
● Auf keinen Fall das Auge spülen.

Material
● Licht/Taschenlampe
● Verbandsmaterial
● Kragen

Fremdkörper im Auge
Symptome
● Schmerzen
● Lichtscheue
● Fremdkörper auf/in Hornhaut

Ursachen
Hier gibt es zwei Möglichkeiten, wie ein
Fremdkörper (FK) am Auge Schaden anrich-
tet. Die medizinisch gravierendere Verlet-
zung ist die FK-Penetration, das heißt, der
Fremdkörper sticht von außen ins Innere

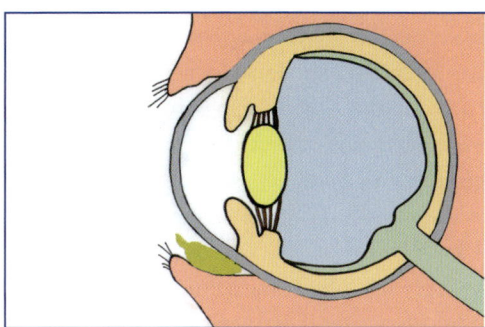

■ *Schematische Darstellung eines Fremdkörpers im*
Bindehautsack.

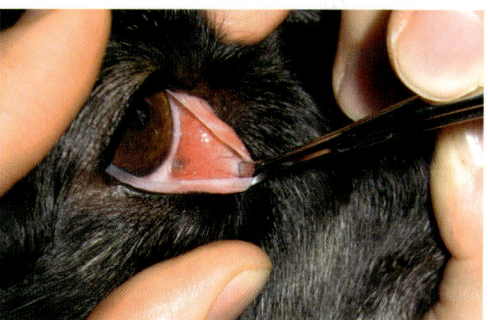

■ *Kaum zu entdecken: Der Fremdkörper hinter der*
Nickhaut tief im Bindehautsack

3

des Auges und durchdringt die Hornhaut komplett, kann dabei Glaskörper und Iris verletzen.

Gelangt ein Fremdkörper in den Bindehautsack, ohne sich in die Hornhaut zu bohren und ohne sofort entfernt zu werden, kommt es durch die Bewegung des Auges zum Scheuern des FK auf der Hornhaut. Dies führt erst zu starken Schmerzen – später entwickelt sich ein Ulcus auf der Hornhaut mit starker Eiterung.

Beide Fremdkörper-Verletzungen sind sehr schmerzhaft und müssen dringend tierärztlich behandelt werden.

Was ist zu tun?
- Fremdkörper, meist Pflanzenteile, die im Bindehautsack frei liegen, können entfernt werden, zum Beispiel mit einem feuchten Q-Tipp-Stäbchen.
- Steckt der FK in der Hornhaut, sollten Sie ihn auf jeden Fall stecken lassen und umgehend den Tierarzt aufsuchen.
- Wichtig ist, das Tier daran zu hindern, die Situation zu verschlimmern – wenn vorhanden Kragen aufsetzen!

Material
- Licht/Taschenlampe
- Wattestäbchen
- Verbandsmaterial
- Kragen

Verätzung der Hornhaut

Symptome
- Rötung des Auges
- Deutliche Schmerzen
- Vermehrter Tränenfluss
- Trübung auf Hornhaut

Hornhautverätzungen sind beim Hund sehr schmerzhaft, aber Gott sei Dank eher selten. Der Hund kneift krampfhaft das Auge zu. Durch die starke Schmerzhaftigkeit versuchen viele Hunde, ihr Problem durch Scheuern zu beheben.

Ursachen

Hornhautverätzungen entstehen durch Säure- oder Laugespritzer.

Was ist zu tun?

Wichtig ist es, das Tier daran zu hindern, die Situation zu verschlimmern – falls vorhanden, Kragen aufsetzen! Falls möglich, sollte man versuchen, sich das Auge genau anzuschauen, um das Ausmaß der Veränderung wahrzunehmen! Die Spülung des Auges ist bei Verätzungen der Hornhaut unverzichtbar, um die Chemikalie aus dem Auge zu entfernen und damit eine weitere Schädigung zu verhindern. Lauwarmes Leitungswasser mit sanftem Strahl (eventl. mit 10ml/20ml Spritze), ist durchaus geeignet, besser ist physiologische Kochsalzlösung oder Augenspülflüssigkeit – im Notfall aber nicht immer vorhanden. Die Schwierigkeit wird dabei sein, dass der Hund das Auge stark zukneift und beim Spülversuch heftige Gegenwehr leisten wird – trotzdem muss man es versuchen! Der Kopf muss beim Spülen so gehalten werden, dass das Spülwasser von der Nase zum Ohr läuft, um zu verhindern, dass noch ätzendes Spülwasser ins nicht betroffene Auge fließt. Auch das Auge muss vor weiterer Schädigung geschützt werden, das heißt im Zweifelsfall einen Augenverband oder Halskragen anlegen, in den dann eine feuchte Gaze eingearbeitet wird. Den Hund auf jedem Fall dem Tierarzt vorstellen.

Material
- Licht/Taschenlampe
- Unsterile Tupfer
- Isotonische Spülflüssigkeit (alternativ Wasser)
- 10ml/20ml Spritze
- Wattestäbchen
- Eventuell Verbandsmaterial oder Halskragen

Erblindung
Symptome
- Hund wird unsicher
- Läuft in fremder Umgebung vor Gegenstände
- Hund ist sehr passiv

Ursachen
Die plötzliche Erblindung des Tieres wird nicht immer sofort entdeckt, da sich viele Tiere durch ihre anderen Sinne trotz allem recht sicher bewegen. Eine zeitlich begrenzte Erblindung kann nach einem Schädel-Hirn-Trauma auftreten. Während durch Bluthochdruck und einige erbliche Erkrankungen eine so starke Veränderung der Netzhaut auftritt, dass das Sehvermögen nicht mehr oder nur teilweise erhalten werden kann.

Was ist zu tun?
Ursache vom Tierarzt abklären lassen

Bindehautentzündung
Symptome
- Deutlich gerötete Bindehäute
- Anschwellung der Bindehäute
- vermehrter Tränenfluss
- später eitriger Augenausfluss

Ursachen
Die Bindehautentzündung ist die häufigste Erkrankung am Auge. Neben Reizungen durch Zugluft und bakterielle Infektionen, können besonders Pflanzenteile, die sich nicht in den Augapfel einbohren, sondern im Bindehautsack liegen bleiben, zu schweren Entzündungen, Schmerzen und später auch zu Hornhautverletzungen führen.

Was ist zu tun?
- Nach Fremdkörper suchen
- Wichtig ist, das Tier daran zu hindern, die Situation zu verschlimmern – wenn vorhanden Kragen aufsetzen!

WARNUNG

Gefährlich ist es, alte **Augensalbenreste** ohne genaue Diagnose anzuwenden. Ebenfalls sollte man das Auge nicht mit einem **Kamillenaufguss** (-tee) reinigen. Kamille wirkt austrocknend und kann allergische Reaktionen verursachen. Zudem sind in den meisten Aufgüssen Schwebstoffe, die das Auge mechanisch reizen könnten.

- Wenn der Hund es sich gefallen lässt, kann man stark verklebte Augen spülen bzw. mit einem feuchten, nicht flusenden Lappen reinigen.
- Eine Augenreinigung kann in professioneller Weise mit isotonischer Kochsalzlösung oder mit einer Augenspüllösung vorgenommen werden.

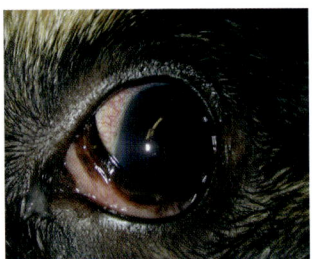

■ *Bindehautentzündung: deutliche Rötung der Bindehäute mit eitrigem Augenausfluss.*

- Falls möglich, sollte man versuchen, sich das Auge genau anzuschauen, um das Ausmaß der Veränderung wahrzunehmen!
- Fremdkörper, meist Pflanzenteile, die im Bindehautsack frei liegen, können zum Beispiel mit einem feuchten Q-Tipp-Stäbchen entfernt werden.

Material
- Licht/Taschenlampe
- Nicht flusender Lappen
- Isotonische Spülflüssigkeit (oder Wasser)
- 10ml/20ml Spritze
- Wattestäbchen
- Eventuell Verbandsmaterial oder Halskragen

Notfälle im Bereich des Kopfes

Nasenbluten
Bei Nasenblutungen ist es schwierig zu beurteilen, wie viel Blut der Hund verloren hat, da er einen Teil direkt über den Gaumen abschlucken und mit der Zunge ablecken wird.

Symptome
- Ein- oder
- beidseitiger blutiger Nasenausfluss

Ursachen
Verursacht werden können Nasenblutungen durch ein Trauma gegen den Kopf, oder eine frontale Verletzung im Bereich des Nasenlo-

ches. Eine weitere Ursache können auch Zahnwurzelprobleme sein; zum Beispiel führen schwere Eiterungen der Wurzel oft zu Entzündungen der Nasenmuschelhaut, welche dann recht schnell blutet, hier aber nur einseitig. Es können auch schon mal Tumore oder Infektionen (Leishmaniose, Hepatitis c.c.) dahinter stecken. Aber auch Vergiftungen (Rattengift/Cumarin) und Blutgerinnungsstörungen, können sich als Nasenbluten zeigen. Hier kann es auch beidseitig sein.

Was ist zu tun?
- Ursache erforschen
- Kühlung von Nasenrücken und Nacken
- Überwachung des Kreislaufes, da Blutverlust nicht klar überblickbar ist, da ein Teil des Blutes direkt über den Rachen abfließen kann und vom Hund abgeschluckt wird.
- Speziell nach einem Trauma abklären, ob Blut wirklich aus der Nase oder nicht doch aus der Lunge stammt. Blut ist hier oft heller und schaumiger.

Material
- Kühlakkus
- Handtuch

Kopfverletzungen
Symptome:
- Verletzungen
- Blutungen
- Nasenbluten
- Schwellung

Lokal am Kopf und in/an den Augen findet man häufig Schwellungen, offene Wunden und Blutergüsse. Ebenso können Nasenbluten und Blutungen aus dem Fang auftreten.
Es können neben den äußerlich sichtbaren Wunden und Blutergüssen verschiedene Verletzungen des Gehirns auftreten.

Ursachen
- Stürze aus großer Höhe
- Verkehrsunfälle

Was ist zu tun?
- Kühlen (Nase, Schwellung)
- Haare um Verletzung kürzen
Zeigt der Hund, neben äußerlich sichtbaren Wunden, auch Symptome einer Gehirnverletzung, sollte er auf schnellst möglichem Weg zum Tierarzt gebracht werden. Hier ist jede Minute kostbar, da der Zustand sehr instabil sein und sich sehr schnell dramatisch verschlechtern kann.

Material
- Verbandmaterial
- Kühlakku

Verletzung des Gehirnes/-zentralen Nervensystems
Symptome
- Ein- oder beidseitige Pupillenverengung oder -erweiterung
- Beidseitig starre Pupillenerweiterung
- Pupillenflattern (Verengung/Erweiterung)

3

- Blindheit – ohne Verletzung der Augen
- Streckkrämpfe aller vier Gliedmaßen mit Kopf-Nackenhaltung
- Streckkrämpfe nur der Vordergliedmaßen und Kopf-Nackenhaltung
- Gleichgewichtsstörungen
- Kopfnicken
- Augenzittern
- Nacken- und/oder Körperbeugung
- Atem- und Kreislaufstörung

Ursachen

Gehirnerschütterung

Die Gehirnerschütterung ist die »leichteste« Verletzung des Gehirnes. Sie ist traumatisch bedingt, in der Regel durch Sturz, Autounfall oder Tritt. Die Schädigung des Gehirns ist reversible, ohne sichtbare Veränderung, aber geht mit Benommenheit, Apathie und oft Bewusstlosigkeit einher. Ebenso möglich sind Augenzittern, veränderte Pupillenreaktion, Pulsverlangsamung, Atemstörung, Störung im Bewegungsablauf.

Gehirnquetschung

Umschriebene oder multiple Hirngewebeschädigungen, die u.a. bei stumpfen Schädeltraumata als Folge der Stoß- und Gegenstoßwirkung auftreten. Symptome je nach Lokalisation.

Blutungen unter der Schädeldecke

Oft eine Folge von Gefäßrissen auf der Gehirnoberfläche.

Das ausgetretene Blut führt im Schädel zum Druckanstieg, da durch die feste Schädeldecke kein Platz zum Ausweichen ist. Dies führt zu sekundären Hirngewebsschädigungen, die sich je nach Lokalisation und Schweregrad in einer Vielfalt von Symptomen manifestieren können.

Penetrierende Verletzungen des Gehirns

Durch Eindringen von Knochensplittern oder Fremdkörpern, die dadurch entstehenden Verletzungen des Gehirns und der Gehirnhäute sind besonders dramatisch. Es besteht zusätzliche Infektionsgefahr!

Beurteilung:

Posttraumatische epileptiforme Krämpfe sind immer das Zeichen eines schweren Schädel-Hirntraumas und treten entweder sofort im Anschluss an einen Unfall oder später als Komplikation auf. Bewusstseinsstörungen (Apathie bis Koma) sind bei leichten und schweren Arten von Gehirnläsionen anzutreffen.

Was ist zu tun?

Bei Verdacht auf Gehirnverletzungen sollte der Hund nicht in Schocklage (hinten hoch) verbracht werden, sondern möglichst immer flach liegen, oder mit leicht erhöhtem Kopf, damit kein zusätzliches Blut in den Kopf fließt. Zudem ist drauf zu achten, dass er sich durch eventuelle Krämpfe nicht weiter schädigen kann. (Hund nicht festhalten!)

3

Hunde mit offensichtlichen Schädel-Hirn-Traumata müssen ständig überwacht werden. Bewusstsein, Atmung und Pupillenreaktion müssen im Abstand von wenigen Minuten kontrolliert werden.

Oft werden Krämpfe durch taktile, optische oder akustische Reize verstärkt. Darum ist ein vorsichtiger Transport angezeigt.

Bei Druckanstieg im Schädel ist der Zeitfaktor wichtig. Je schneller das Tier zum Tierarzt gebracht wird, desto eher gibt es Chancen für eine Regeneration.

Natürlich muss bei so schwer verletzten Hunden auch auf Schocksymptome geachtet werden. Offene Wunden sollten sauber abgedeckt werden, was am Kopf nicht immer ganz einfach ist. Das Tier möglichst ruhig aber schnell zum nächsten Tierarzt bringen.

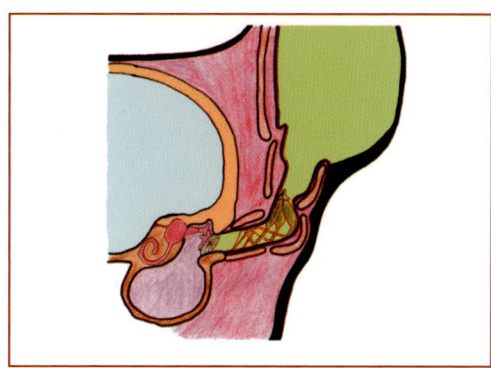

■ *Fremdkörper wandern im Ohr tief in den Gehörgang bis vor das Trommelfell.*

Notfälle am Ohr

Fremdkörper im Ohr

Symptome
- Heftiges Kopfschütteln
- Kratzen am Ohr mit Jaulen
- Deutliche Schmerzäußerung
- Kopfschiefhaltung

Ursachen

In der Regel handelt es sich um Gras- oder Getreidegrannen, die tief in den Gehörgang eingewandert sind. Besonders häufig tritt dies in den Sommermonaten beim Herumtoben in Feldern und Wiesen auf. Der Hund schüttelt plötzlich mit dem Kopf, kratzt mit der Pfote oft mit einem Jammern am betroffenen Ohr. Der Kopf wird zur betroffenen Seite hin schief gehalten. Der Hund schafft es nicht, die Granne aus dem Gehörgang zu entfernen. Im Bereich des Ohres sind Hunde sehr empfindlich, so ist es bei den meisten Tieren auch nicht möglich, den Fremdkörper ohne tierärztliche Hilfe zu entfernen. Im Unterschied zu einer schweren Entzündung ist kein Sekret im Gehörgang, sondern nur eine deutliche Hautrötung sichtbar.

Was ist zu tun?
- Kontrollblick ins Ohr
- Hund nicht mehr füttern
- Verhindern, dass der Hund sich die Ohrmuschel blutig kratzt
- Hund sofort dem Tierarzt vorstellen

3

In der Regel muss der Hund in Narkose gelegt werden, um den Fremdkörper aus dem Ohr zu entfernen. Die Ohrschleimhaut ist sehr empfindlich und in der Regel sitzen die Fremdkörper sehr weit unten, direkt vor dem Trommelfell.

Bitte versuchen Sie nicht durch Einbringen von Wasser, Ohrreiniger oder Salben den Fremdkörper zu entfernen. Die verbleibenden Wasser-/Salbenreste erschweren dem Tierarzt die Sicht und damit die Diagnose!

Material
- Kragen

Bluterguss im Außenohr – Othämatom

Symptome
- Plötzlich auftretende Umfangsvermehrung am äußeren Ohr. (Größe: von kirschgroß bis hühnereigroß)
- Kopfschiefhaltung
- Dezentes Kopfschütteln

Ursachen

Ein Othämatom tritt oft infolge einer nicht behandelten Ohrenentzündung, durch heftiges Kopfschütteln und ständiges Kratzen am Ohr auf; auch schon mal durch ein stumpfes Trauma, ein stumpfes Anschlagen des Ohres an einen harten Gegenstand. Dabei »platzen« Blutgefäße zwischen Haut und Ohrknorpel. Das Blut sammelt sich als »Blutbla-

se« an einer Stelle. Tritt dieses Problem ohne Ohrenentzündung oder Trauma auf, muss auch an eine gestörte Blutgerinnung gedacht werden.

Was ist zu tun?
- Im akuten Fall ist eine Kühlung durchaus sinnvoll.
- Ganz wichtig ist es, das Ohr ruhig zu stellen. Hierfür klappt man das Ohr hoch über den Kopf und klebt es mit Leukoplast fest. Eine geschickte Verklebung ersetzt einen Verband, der den Hund in der Regel mehr stört und zum Kratzen bzw. Schütteln bewegt.

Material
- Kragen
- Leukoplast

WARNUNG

Bitte niemals das Ohr in hängender Position fixieren/verbinden. Es behindert dann die Ventilation des Gehörganges. Verband und Abdeckung durch das Ohr sorgen für eine starke Erwärmung des Gehörganges, welches in recht kurzer Zeit zu einer schweren Entzündung führt.

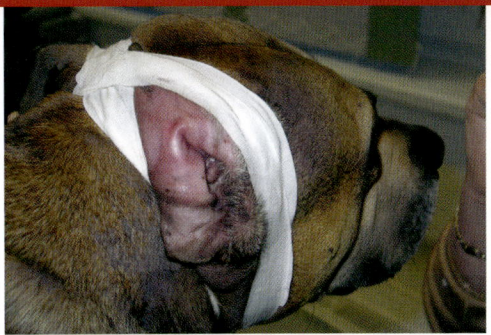

■ *Ruhigstellung des betroffenen Ohres durch einen »Klebeverband«.*

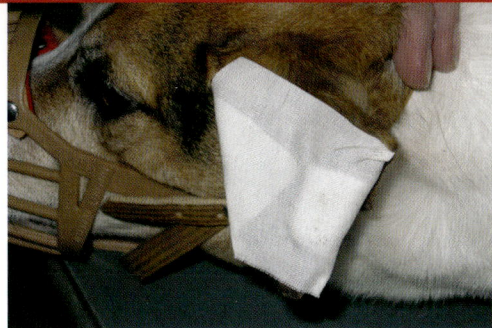

■ *Nach der Blutstillung – Versorgung der Wunde mit einem »Pflaster«.*

Verletzungen am Ohr

Symptome

- Blutungen, zum Teil sehr stark
- Riss in der Ohrmuschel
- Verletzung der Ohrmuschel

Auch kleine Verletzungen am Ohr bluten sehr stark. Durch den Wundschmerz neigen die Hunde zum Kopfschütteln, so dass es sein kann, dass die Wunde immer wieder anfängt zu bluten.

Ursachen

- Beißerei unter Hunden
- Rissverletzung

Was ist zu tun?

Ohrverletzungen bluten immer sehr stark. Erste Maßnahme ist daher, eine Wundauflage (Tupfer) auf die Wunde zu legen und für einige Minuten Druck auf die Wunde auszuüben. Dies minimiert erst mal die Blutung. Es kann dann mit einem Ohrverband versorgt werden, so dass das Ohr zur Ruhe kommt.

Ohrverbände sind nicht ganz einfach anzulegen, da die Hunde sich mit den Pfoten oder durch Schütteln versuchen, sich dessen zu entledigen. Auch hier kann man in der Regel einfacher das Ohr mit einem Klebeverband ruhig stellen. Ist der Ohrknorpel verletzt (Schlitz im Ohr), ist zu beachten, dass ohne chirurgische Versorgung der »Schlitz« bleibt.

Material

- Tupfer
- Verbandsmaterial
- Leukoplast

Notfälle des Bewegungsapparates

Lahmheiten, sowie deren Ursachen, sind sehr vielfältig, doch steckt immer ein schmerzhafter Prozess am Bewegungsapparat dahinter, der untersucht und behandelt werden sollte.

3

Lahmheit kann plötzlich auftreten, hochgradig oder gering sein.

In der Bewegung oder durch das Verhalten (zum Beispiel Belecken des Gelenkes bei Arthroseschmerz) des Hundes kann man oft schon erkennen, welches Bein betroffen ist. Zudem gibt es drei augenfällige Veränderungen – Blutungen – Schwellungen – Achsenabweichung – im Zusammenhang mit einer Lahmheit.

Lahmheiten mit Blutungen
Krallenverletzungen (Krallenabriss/-einriss)

Krallenverletzungen bluten stark und lang anhaltend, aber bei gesunder Blutgerinnung nicht lebensgefährlich. Sie sind in der Regel sehr schmerzhaft, darum muss recht vorsichtig untersucht werden.

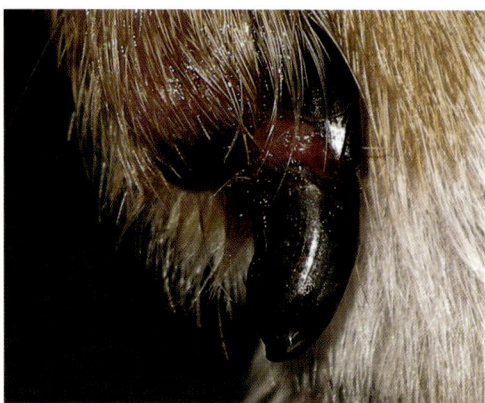

■ *Die Daumenkralle ist angebrochen – der untere Teil verursacht bei jeder Bewegung Schmerzen.*

Symptome
- Blutungen
- Lahmheit (nicht wenn Daumen-/Afterkralle betroffen)

Ursachen

Verletzungen an den Krallen kommen sehr häufig vor. Eine typische Verletzungsmöglichkeit sind zum Beispiel die Roste auf den Kellerlichtschächten.

Die Kralle drückt sich im schmal zulaufenden Bereich der Roste fest und wird beim Weitergehen herausgezogen. Je länger eine Kralle ist, desto eher bricht sie, oder reißt bei Belastung.

Was ist zu tun?
- Hund vom Belecken abhalten.

Man muss zwei Situationen unterscheiden:
- Ist die Kralle ganz abgerissen/abgebrochen, braucht man die Verletzung nur noch zu verbinden.
- Ist die Kralle nicht ganz abgerissen, sollte man das angerissene Teilstück soweit wie möglich kürzen, da die Bewegung des Anhängsels starke Schmerzen verursacht.

Gereinigt werden muss die Krallenverletzung nur bei starker Verschmutzung. Die Blutung kann vorsichtig mit Lotagen gestillt werden, dies desinfiziert gleichzeitig. Ist es nicht möglich, die angerissene Kralle zu kürzen, den Krallenrest vorsichtig umpolstern und mit einem Pfotenverband schützen. Kontrolle der Wunde vom Tierarzt.

3

Ballenverletzungen

Symptome

- Blutung (unterschiedlich)
- Lahmheit (unterschiedlich)

Ursachen

Die häufigsten Verletzungen an den Pfoten sind in der Regel Schnitt- oder Abschälverletzungen an den Ballen.

Schnittverletzungen entstehen durch herumliegende Glasscherben oder scharfkantige Metallreste, gerade wenn diese in Bächen oder Gräben liegen. Während Schnittverletzungen je nach Tiefe durchaus sehr stark bluten können, bluten Abschälverletzungen kaum. Denn hier ist nur die obere, blutgefäßlose Hornschicht der Ballen verletzt und von der Unterlage getrennt.

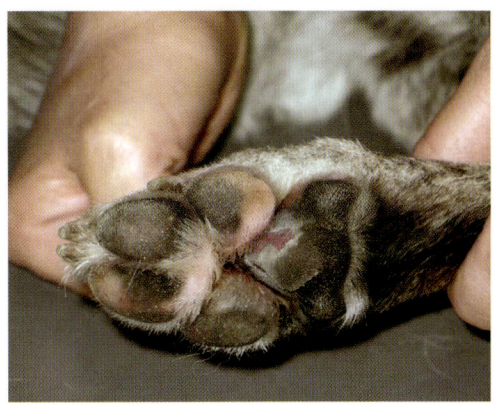

■ *Abschälverletzung am großen Ballen – diese Verletzung blutet fast gar nicht, ist aber sehr schmerzhaft.*

Was ist zu tun?

- Hund vom Belecken abhalten
- Wunde reinigen
- Loses Ballenhorn wegschneiden
- Normaler Pfotenverband

Schnitt-/Stichverletzungen

Schnittverletzungen oberhalb der Ballen, sind schon als deutlich ernster anzusehen, da hier die Gefahr besteht, dass neben den Blutgefäßen, auch Endsehnen und Nerven zerschnitten werden. Gerade im Bereich des Mittelfußes laufen Nerven, Blutgefäße und Endsehnen dicht unter der Haut.

Symptome

- Starke Blutung
- Lahmheit

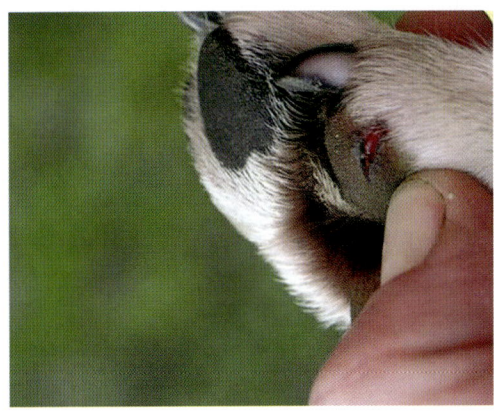

■ *Eine Schnittverletzung in der Pfote – nicht sehr tief – blutet daher wenig.*

3

Ursachen

Häufig sind dünner Metallmüll oder auch große Glasscherben (halbe Flaschen) in Wiesen und Gräben die Ursache. Die Größe der Schnitt-/Stichstelle ist dabei unerheblich, da die Tiefe bis auf den Knochen reichen kann.

Was ist zu tun?
- Hund vom Belecken abhalten
- Falls nötig Haare kürzen
- Wunde steril/sauber abdecken

Bei tiefen Verletzungen an der palmaren/plantaren (oberen und unteren) Seite des Mittelfußes, sollte der Hund nicht weiterlaufen. In der Regel lässt sich vor Ort nicht abklären, welche Strukturen verletzt worden sind. Die Möglichkeit, dass eine oder mehrere Sehnen angeschnitten sind, ist hoch. Würde der Hund weiter belastet, könnten sie gänzlich reißen. Da Sehnen unter Spannung stehen, schnellen die Enden weit auseinander, und machen die chirurgische Versorgung deutlich komplizierter. Vorsichtshalber sollten diese Verletzungen in Pfotenbeugehaltung verbunden werden, so dass keine Belastung auf der Sohle möglich ist.

Fremdkörper in der Pfote
Symptome
- Lahmheit
- Blutung

Ursachen
- Fremdkörper (Stein, Glas, Dorn, …)

Was ist zu tun?
- Fremdkörper entfernen
- Pfotenverband

Entdeckt man bei der Lahmheitkontrolle einen Fremdkörper (Holzsplitter, Glasscherbe, Steinchen u.a.) in den Pfotenballen, sollte er, anders als sonst üblich, entfernt werden. Da hier das Problem besteht, dass sich der Hund den Fremdkörper tiefer in den Ballen tritt, und der dort dann schlechter entfernt werden kann. Entstehende Blutungen können je nach Größe bzw. Tiefe stark sein, sind aber nie lebensgefährlich.

Lahmheiten mit Schwellungen
Es gibt in der Regel drei Gründe für Gewebeschwellungen. Starke traumatische Verän-

WICHTIG
Verband in Pfotenbeugehaltung!

3

derungen, wie Brüche, Stauchungen, Prellungen und Zerrungen ergeben in der Regel deutliche Schwellungen. Ebenso erzeugen entzündete Verletzungen und allergischen Reaktionen starke Schwellungen.

Traumatische Schwellung
Symptome
- Schwellung
- Schmerzen
- Eventuell frische Wunden
- Blutergüsse
- Blutungen
- Berührungsschmerz

Ist nach einem Trauma eine Gliedmaße oder ein Gelenk geschwollen, kann man davon ausgehen, dass Gewebe schwer verletzt worden ist. Es entstehen u.a. Faserrisse im Bandapparat mit kleineren Einblutungen. Aber auch ein tief in der Muskulatur liegender Bluterguss erzeugt nach außen eine deutliche Schwellung.

Entzündliche Schwellung
Symptome
- Schwellung
- Rötung
- Wunden
- Schmerzen
- Ältere Wunden
- Seröse Wundflüssigkeit
- Eventuell Eiter

Entstehen häufig in den Tagen nach der eigentlichen, eventuell auch nur kleinen Verletzung, wenn keine fachgerechte Versorgung stattgefunden hat. Sehr häufig bei Bissverletzungen. Die Schwellung ist sehr schmerzhaft, die Haut ist gerötet. Neben der Gewebeschwellung, kann es auch zu einer Ansammlung von »Wundwasser« kommen, welches die Wundsituation zusätzlich belastet.

Allergische Schwellung
Symptome
- Schwellung
- Juckreiz
- Schmerzen

Sie entstehen einige Minuten bis Stunden nach dem Vorfall. Ein Hund, der zum Beispiel auf eine Impfung allergisch reagiert, kann innerhalb von wenigen Stunden ein komplett angeschwollenes Gesicht bekommen. Am Anfang sind allergische Schwellungen eher schmerzhaft, von daher oft berührungsempfindlich, später fangen sie an zu jucken.

Was ist zu tun?
Wichtig ist es, die Schwellung zu minimieren, da diese die Blutzirkulation behindert und damit den Heilungsprozess verzögert. Der Hund sollte die betroffenen Gliedmaße so wenig wie möglich belasten. Dies ist nicht immer ganz einfach. Ein Verband und »Leinenzwang« sollten als »Erste Hilfe« auf jeden Fall erfolgen.

Hat man die Möglichkeit, kann man eine akute Schwellung mit Eis mindestens 20 Minuten

3

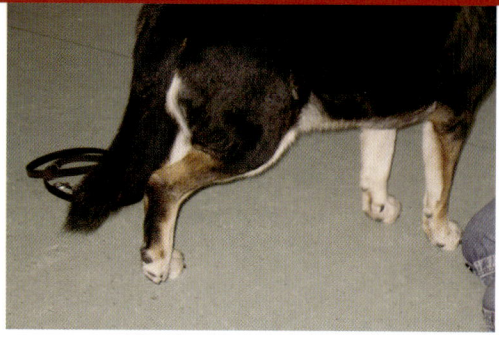

kühlen. Eis sollte nie direkt auf die Haut/Haare gelegt werden, da die Gefahr von lokalen Erfrierungen der Haut besteht. Wichtig ist, es nicht zu kurz zu kühlen, da sonst die Gegenregulation des Körpers (Ausgleich des Wärmeverlustes), verstärkte Durchblutung, die Schwellung verstärken kann.

Lahmheiten mit Achsenabweichungen/ Fehlhaltungen

Sie werden in der Regel durch Brüche (Frakturen) oder Verrenkungen (Luxationen) verursacht. Weder die Fraktur noch die Luxation sind akut lebensbedrohliche Zustände. Sie sollten jedoch immer als Notfälle behandelt werden, da ihre sofortige professionelle Versorgung Spätschäden verringert. So kann der Druck, der durch Fehlhaltung der Knochen zueinander auf das umliegende Gewebe entsteht, recht schnell zu Durchblutungsstörungen in diesem Gewebe führen.

Frakturen

Knochenbrüche werden in zwei große Gruppen eingeteilt. Zum einen, die geschlossenen Brüche, bei denen der Knochen zwar gebrochen, die Haut über der Frakturstelle, aber unverletzt ist. Blutungen unter der Haut können aber auch hier massiv sein. Und zum anderen die offenen Brüche, bei denen durch einen nach außen stechenden Knochensplitter, die Haut verletzt worden ist, bzw. die Weichteile über dem Knochen

■ *Komplette Schonhaltung – die Pfote wird im Stand und zum Teil auch in der Bewegung nicht mehr aufgesetzt.*

verloren gegangen sind. Diese Verletzungen können sehr stark bluten und sind stark infektionsgefährdet.

Symptome
● Hochgradige Lahmheit
● Reibegeräusche
● Abknicken der Gliedmaße an einer Stelle ohne Gelenk

Es ist nicht immer einfach, einen Knochenbruch als solchen zu erkennen. Typisch für eine Fraktur an der Gliedmaße ist nicht die Fehlhaltung, denn diese ist häufig nicht deutlich. Hinweis gebend ist der oft vollständige Funktionsverlust, in Verbindung mit starkem Schmerz. Das heißt, das Bein wird für die Fortbewegung oft kaum mehr eingesetzt und im Stand völlig entlastet.

Ein weiteres typisches Zeichen für eine Fraktur sind die Reibegeräusche (Krepitation), die entstehen, wenn die Knochenfragmente gegeneinander reiben. Offensichtlich ist eine Fraktur, wenn es sich um einen offenen

3

Bruch handelt und ein Knochensplitter aus der Wunde ragt.

Eine »Gelenkbildung« an Stellen des Knochens, wo sonst kein Gelenk ist, deutet auf eine Fraktur hin. Manchmal ist auch nur eine Stufe im Knochen zu fühlen; hier hilft immer der Vergleich mit dem gesunden Bein.

Ursachen

Die Ursache für Frakturen ist in der Regel eine direkte Gewalteinwirkung auf den Knochen, wie sie durch einen Schlag, Sturz oder Autounfall auftreten.

Es besteht auch die Möglichkeit, dass der Bruch durch indirekte Gewalteinwirkung provoziert wird. Hier treten oft Hebelwirkungen auf, die zu Spiralfrakturen führen.

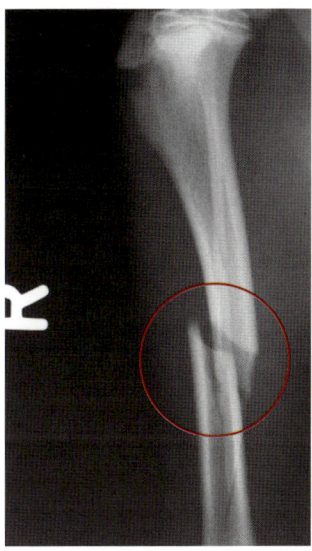

■ Knochenbruch (Fraktur).

Was ist zu tun?

Handelt es sich um eine offene Fraktur, steht im Vordergrund:

- die Wundversorgung und die Blutstillung
- Kontrolle der Atmung
- Kontrolle des Kreislaufs

Erst danach kümmert man sich um die Schienung und korrekte Lagerung. Herausstehende Knochenteile sind dabei nach Möglichkeit nicht in die Tiefe zu versenken (Kontaminationsgefahr). Eine Schienung ist trotzdem wichtig, damit spitze Frakturstücke das umliegende Gewebe nicht weiter schädigen. Gleichzeitig verringert die Ruhigstellung der Gliedmaße den Schmerz und die Blutung.

Geschient wird, wenn es möglich ist, in anatomisch-physiologischer, spannungsfreier Haltung. Starke Abweichungen müssen vorsichtig korrigiert werden. Bei der Korrektur sollte man die Gliedmaße unter einem dezenten, konstanten Zug korrigieren.

Die Schienung muss über die, der Fraktur benachbarten Gelenke reichen, um eine völlige Ruhigstellung zu gewährleisten.

Ist man sich nicht ganz sicher – ob es sich um eine Fraktur handelt – sollte die Verletzung vorsichtshalber trotzdem wie eine Fraktur versorgt werden.

Frakturen im Bereich knapp unterhalb und oberhalb von Ellbogen und Knie sind nicht durch einen Verband zu schienen. Hier sollte der Hund zum Beispiel in ein starres Körbchen gelegt, und die verletzte Gliedmaße mit Kissen und Decken ruhig gestellt

3

werden. In dieser Lagerung kann der Hund recht schmerzarm zum Tierarzt transportiert werden.

Luxationen

Luxationen/Verrenkungen betreffen immer Gelenke. In der Regel sind die gelenkigen Verbindungen in ihrer physiologischen Lage gestört, und es sind die gelenksunterstützenden Strukturen, wie Bänder, Gelenkkapsel und Sehnen zerstört.

Wie auch bei Frakturen, sind hier Traumata mit starker Krafteinwirkung die Ursache. Anders als bei Stauchungen, verbleibt bei der Luxation das Gelenk häufig in der unphysiologischen, verrenkten Stellung.

Symptome

- Lahmheit (zum Teil hochgradig)
- Fehlstellung/-haltung
- Schmerzen
- Schwellung

Häufig wird beim Hund durch Autounfälle der Oberschenkelkopf aus der Pfanne gerissen. Die beteiligte Muskulatur verkrampft und verhindert, dass der Gelenkskopf wieder in seine ursprüngliche Lage zurückgleitet.

Eine typische Verrenkung für Sprünge/Stürze in große Tiefe, sind die Bänderrisse an den Mittelhandknochen. Die Luxation wird hier nur in Form einer starken Durchtrittigkeit und Instabilität sichtbar.

Das Ellbogengelenk luxiert eher selten, da es als Scharniergelenk eine hohe Stabilität besitzt. Falls es doch zu einer Luxation im Ellbogengelenk kommt, hält der Hund das Bein in ganz typischer Weise in Ellbogenbeugehaltung, die Pfote leicht nach außen gedreht. Dieses Bein wird führ die Fortbewegung nicht mehr verwendet. Auch das Kniegelenk ist so komplex, dass selten alle Strukturen reißen, so dass bei einzelnen Bänderrissen, eine Luxation nicht offensichtlich wird.

Ursachen

Auch hier ist die Ursache in der Regel eine starke Krafteinwirkung, ein schweres Trauma, welches die gelenkigen Strukturen überlastet hat. Gerissene Bänder, zerstörte Gelenkskapseln und häufig auch ein komplettes Auseinanderreißen des Gelenkes sind die Folge.

Was ist zu tun?

Bei Verdacht einer Luxation – keine weitere Belastung für die Gliedmaße. Am besten versorgt man Luxationen wie Frakturen. Das »Einrenken« von luxierten Gelenken ist nicht nur recht schwierig, sondern in der Regel auch sehr schmerzhaft. Von daher sollte man davon Abstand nehmen.

Auch hier gilt, dass Veränderungen ab dem Bereich Knie/Ellbogen, nicht mehr so ohne weiteres mit einem Verband stabilisiert werden können. Kühlung zur Reduktion der Schwellung. Den Hund umgehend dem Tierarzt vorstellen

Lähmungen

Symptome

- Hund kann nicht mehr ins Auto springen
- Schmerzen
- Unsicherheit in der Hinterhand
- Einseitige Lähmung der Hinterhand
- Beidseitige Lähmung der Hinterhand
- Kontrollverlust von Kot und Harnabsatz

Es gibt kein einheitliches Erscheinungsbild. Erste Anzeichen können sein, dass der Hund nicht mehr auf das Sofa oder ins Auto springt, unsicher in der Hinterhand wird oder Probleme beim Kotabsatz hat. Manche Hunde schreien und winseln bei bestimmten Bewegungen, gehen ungewöhnlich steif, mit aufgekrümmtem Rücken. Bei starken Veränderungen in der Halswirbelsäule, kann es auch sein, dass der Hund im Kreis geht (Manegenbewegung).

Oft beißen die Hunde bei Berührung um sich. In schweren Fällen kann es auch zum Nachschleifen der Hinterhand (Dackellähme) mit Gefühllosigkeit kommen. Die vollständige Lähmung ist die schwerste Form und ist nicht selten irreversibel. Der Hund verliert die Kontrolle über Blase und Enddarm.

Ursachen

Je nach Art und Ort der Verletzung kann die Ausprägung der Lähmung sehr unterschiedlich sein. Von leichten Ausfallserscheinungen (der Hund stolpert zum Beispiel nur ein wenig) bis zur kompletten Querschnittslähmung, ist jede Stufe möglich. Schnelle Hilfe ist hier wichtig!

Im schlimmsten Fall ist das Rückenmark durchtrennt, was eine unheilbare Querschnittslähmung zur Folge hat.

Bei Lähmungen und Wirbelsäulenproblemen werden zwei große Gruppen unterschieden:

Trauma bekannt

Die traumatischen Verletzungen, mit den daraus resultierenden Problemen. Sie werden verursacht durch starke äußere Gewalteinwirkungen, wie Autounfall, Sturz, Pferdetritt, Beißerei oder Schussverletzung. Bei diesen Verletzungen kommt es zu einer Fraktur der Wirbelkörper oder Verschiebung (Luxation) einzelner Wirbelkörper bzw. der Bandscheibe zueinander. Blutungen im Wirbelkanal können das empfindliche Rückenmark komprimieren. Die seitlich abgehenden Nervenstränge, die bei einer Wirbelsäulenverletzung ebenfalls geschädigt werden können, können verschiedenartige, auch einseitige Symptome hervorrufen.

Kein Trauma bekannt

Eine andere Möglichkeit sind die degenerativen Erkrankungen, dazu gehören die verschiedenen Bandscheibenschäden und Spondylosen. Diese kommen verstärkt bei bestimmten Rassen wie Dackel, Pekingese, Bassets, aber auch Boxern vor. Die Bandscheibe, die aus einem gallertartigen, wei-

3

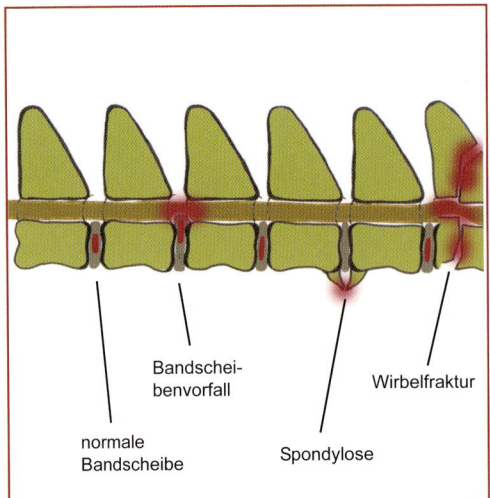

Bandschei-
benvorfall

Wirbelfraktur

normale
Bandscheibe

Spondylose

■ *Schematische Darstellung von verschiedenen Wirbelsäulenveränderungen.*

chen Kern und einer faserigen, aber elastischen Umhüllung besteht, sitzt als Puffer zwischen den einzelnen Wirbelkörpern. Durch Alterungs- und Abnutzungsprozesse ändert sich die Elastizität der Bandscheibe. Der innere weiche Kern verkalkt und fasert den elastischen Knorpelring auf. Später kann sich der Kern der Bandscheibe von unten in den Rückenmarksstrang wölben. Der Druck der veränderten Bandscheibe aufs Rückenmark führt zu den verschiedenen Symptomen, die je nach Ursache und Grad der Erkrankung stark variieren.

Auch Tumore im Rückenmark können zu Lähmungen führen. Bei erwachsenen großwüchsigen Rassen kann es akut auch zu einem Rückenmarksinfarkt (Faserknorpelembolie) kommen.

Was ist zu tun?

● Hund nicht mehr springen lassen
● In jedem Fall – auch bei Verdacht – zum Tierarzt! Das Frühstadium ist u.a. durch fehlende Stellreflexe gekennzeichnet! Bringen Sie den Hund so schnell und schonend wie möglich zum Tierarzt.
● Tiere mit Schmerzen sind in ihren Reaktionen oft unberechenbar. Gelegentlich haben sie auch keine Hemmung, den Besitzer zu beißen! Legen Sie dem Hund ein festsitzendes Halsband mit Leine an – es ist manchmal die einzige Möglichkeit, einen ängstlich um sich schnappenden Hund wieder unter Kontrolle zu bringen!
● Der Hund sollte, selbst wenn er noch laufen kann, ins Auto getragen werden! Unter keinen Umständen sollte er springen oder Treppen laufen.
● Kleinere Hunde können gut in ihrem Körbchen transportiert werden.
● Sind größere Hunde nicht mehr in der Lage zu laufen, transportiert man sie geschickter Weise seitlich liegend auf einem Brett oder stabilen Körbchen. (Halsband fixieren!)

Ist ein Unfall Ursache für die Lähmungserscheinungen, sind die weiteren Verletzungen zu berücksichtigen, zum Beispiel Schockbekämpfung!

Fremdkörperverletzungen

Fremdkörper in Wunden
Symptome

Fremdkörper vermindern, solange sie in der Wunde verbleiben, die durch die Gewebezerstörung ausgelöste Blutung. Die Wundhöhle wird durch den Fremdkörper regelrecht austamponiert.

Was ist zu tun?

Als Grundsatz in der Ersten Hilfe gilt, dass Fremdkörper in Wunden niemals vom Helfer entfernt werden dürfen.

Ausnahme: Fremdkörper in den Ballen der Pfoten können und müssen entfernt werden, bevor sie sich weiter eintreten! Die Blutungen, die hier auftreten können, können zwar stark sein, bei gesunder Blutgerinnung aber nicht lebensgefährlich.

Pfählungsverletzung
Symptome

● Wunde mit oder ohne größeren Fremdkörper
● Blutung
● Schmerzen

Hierbei dringen oft größere, längliche Gegenstände in den Körper des Hundes ein. Es können die unterschiedlichsten Regionen/Organe betroffen sein. Im günstigsten Fall ist nur Haut, Schleimhaut oder Unterhaut und Muskulatur verletzt (Maul, Oberschenkel, Brust). Schwerwiegender und auch oft tödlich sind die Verletzungen, wenn große Gefäße und die Körperhöhlen (Brustraum, Bauchraum) mit Organen betroffen sind.

Ursachen

Ursache hierfür sind Stürze, unkontrolliert schnelles Laufen (Jagd, Panik, wilde Spiele). Die wohl häufigste Ursache sind geworfene »Stöckchen«, in die der Hund hineinläuft.

Was ist zu tun?

Befindet sich der Fremdkörper noch im Körper des Hundes, entfernen Sie diesen nicht (außer Maulbereich), sorgen Sie für einen stabilen Verbleib in der Wunde. Umpolstern Sie den Fremdkörper und fixieren ihn falls möglich mit einem Verband. Verhindern Sie auf jeden Fall, dass der Hund sich selbst losreißt und sich damit seine Situation dramatisch verschlimmert. Stärkere Blutungen und ein eventueller Schock müssen versorgt werden.

Schusswunden

Die Gefahr, dass sich der Hund eine Schussverletzung zuzieht, besteht vor allem beim freien Herumlaufen und Streunen im Wald und landwirtschaftlichen Flächen.

Symptome

● Blutende Verletzung
● Unterschiedliche Größe, häufig kreisrund

3

Ursachen

Die häufigste Schussverletzung entsteht durch Luftgewehrschüsse. Diese sind in der Regel harmlos, vor allem wenn Schütze und Tier einen größeren Abstand hatten. Sie dringen zwar durch die Haut, bleiben aber in der Muskulatur stecken, ohne Organe zu schädigen. Häufig kommt es zu kleinen stich- oder bissähnlichen Wunden. Schwere Probleme machen die Luftgewehrschüsse im Bereich des Kopfes, in dem sie zum Beispiel ein Auge verletzen, in die Stirnhöhle oder bis ins Gehirn vordringen.

Die Munition der Jäger dagegen soll Wildtiere verschiedener Größe töten. Von daher sind diese Schussverletzungen schon sehr schwerwiegend und in der Regel lebensbedrohend. Wird der Hund »zentral« getroffen, hat er praktisch kaum eine Überlebenschance. Streifschüsse, die keine stark durchbluteten Strukturen getroffen haben, können durchaus überlebt werden. Mit der Bildung eines Schockes ist, je nach Ausmaß der Verletzung, jederzeit zu rechnen.

Schrotgeschosse können aus kurzer Entfernung sehr schwere, meist tödliche Verletzungen verursachen. Sie können Knochen zerschmettern, tief in Muskulatur, Brust- und Bauchorgane eindringen und schwere Zerreißungen verursachen. Bei großer Entfernung streut Schrot sehr stark, dass der Hund nur noch von einzelnen Kugeln getroffen wird. Die Verletzungen der Haut sind zum Teil nur so groß, wie ein Stecknadel-

kopf. Schrotkugeln dringen nur bis in die Unterhaut oder oberflächliche Muskulatur und sind im Röntgenbild eindeutig zu identifizieren. Luftgewehr- und Schrotkugeln bleiben oft unerkannt im Gewebe liegen.

Was ist zu tun?

Je nach Schwere und Art der Verletzung
- Blutung stillen, so gut es geht
- Verband anlegen - falls möglich
- Schockbekämpfung falls notwendig

Material
- Verbandsmaterial
- Decke

Notfälle im Verdauungstrakt

Durchfälle

Symptome
- Häufiger Kotabsatz
- Breiiger bis wasserdünner Kot
- Schmerzen
- Fieber/Untertemperatur

Typisch bei Durchfall: Der Hund setzt häufig Kot ab. Die Beschaffenheit des Kotes kann von breiiger, bis richtig flüssiger Konsistenz variieren und ist häufig von sehr starkem, unangenehmem Geruch begleitet.

Ursachen

Die Ursachen von Durchfall sind vielfältig und reichen von einer einfachen Darmver-

3

WICHTIG

Durchfall ist, wie das Erbrechen nur ein Symptom und keine eigenständige Erkrankung!

stimmung, durch Aufnahme von zu viel oder verdorbenem bzw. falschem Futter, bis hin zu schweren bakteriellen Entzündungen. Denn nur zu gern frisst der liebe Hund auf dem Spaziergang, im Garten oder im Haus »Dinge«, die für ihn sehr schmackhaft, aber nicht immer gut verträglich sind: Zum Beispiel kompostierbare Hausabfälle, Holz, halb verweste Tierreste und Mülleimer-Inhalte sind nur einige dieser »Spezial-Mahlzeiten«.

Auch Infektionen mit Parasiten (Würmer, Giardien, Kokzidien), können zu schweren Durchfällen führen. Aber auch bei Vergiftung, Virusinfektionen und Darmverschluss treten Durchfälle auf.

Bei besonders sensiblen Hunden tritt bei Aufregung manchmal der so genannte psychogene Durchfall auf, Durchfall aufgrund von Aufregung und nervlicher Belastung.

Was ist zu tun?

Eine einheitliche Regelung gibt es nicht! Setzt der Hund häufiger Kot als üblich ab, sollte man sich die Mühe machen, den Kot zu kontrollieren (auch wenn er im Gebüsch oder mitten auf der Wiese abgesetzt wurde).

Wichtig: Ursache erforschen!

● Wenn der Hund ein ungestörtes Allgemeinbefinden zeigt, kann man darüber nachdenken, den Hund erstmal einen Tag fasten zu lassen.

● Der Hund sollte reichlich Wasser (abgekocht, evtl. mit Elektrolytpulver) zur freien Aufnahme zur Verfügung haben.

● Ab dem zweiten Tag füttert man eine Magen-Darm-Diät, bestehend aus sehr weich gekochtem Reis, Magerquark (oder Hüttenkäse) und gekochtem Hühnerfleisch (zu je einem Drittel). Aufgeteilt wird die Tagesration auf vier kleine Mahlzeiten, die über den Tag verteilt, magenwarm verfüttert werden.

Hat sich der Zustand bis zum dritten Tag normalisiert, kann man beginnen, das normale Futter in die Diät einzumischen (drei bis fünf Tage lang).

Hat sich der Zustand nach drei Tagen (beim Welpen eher) nicht normalisiert, sollte der Hund dem Tierarzt vorgestellt werden. Frische Kotprobe mitbringen!

Dringend bei:
● häufigem schwallartigem Erbrechen
● gestörtem Allgemeinbefinden
● Fieber
● Bauchkrämpfen
● Blähbauch

3

- Blut im Kot/Erbrochenem und anderen ungewöhnlichen Symptomen, sollte sofort der Tierarzt aufgesucht werden.

Erbrechen

Hunde besitzen eine niedrige Reiz-(Brech)-schwelle, darum ist das Erbrechen erst ein-mal als »Reinigung« des Verdauungsappara-tes anzusehen. Dies stellt einen wirkungsvol-len Schutzmechanismus für die Hunde mit ihrer nachlässigen Nahrungsauswahl dar. Das gelegentliche Hochwürgen von zuvor gefressem Gras zusammen mit eventuell gelblichem Schleim ist ein arttypisches Ver-halten und deutet nicht auf eine Erkrankung hin.
Manche säugende Hündinnen erbrechen an-gedautes Futter zur Fütterung der Welpen, ein atavistisches Verhalten, welches auch bei einigen scheinträchtigen Hündinnen auftre-ten kann.

Symptome

- Häufiges Erbrechen
- Langanhaltendes Erbrechen
- Erbrechen von Schaum
- Würgen
- Mattigkeit
- Fieber/Untertemperatur

Ursachen

Es kann eine einfache Magenstörung/-ent-zündung dahinter stecken, aber auch eine Vielzahl von anderen Erkrankungen.

WICHTIG
Anhaltendes Erbrechen ist je-doch ein Warnsignal, welches zu hohen Verlusten an Elektrolyten und Flüssigkeit führen kann.

Hierzu zählen:
- Leber- oder Nierenfunktionsstörungen,
- Infektionen wie Staupe und Parvovirose,
- Gehirntumor,
- Überhitzung,
- Vergiftung,
- aber auch Magen-/Darmfremdkörper bzw. ein Darmverschluss, bis hin zu Magen- bzw. Darmdrehung.

Was ist zu tun?

Eine einheitliche Regelung gibt es nicht! Weiteres Vorgehen wie bei Durchfall (s. Sei-te 100).

Wichtig: Ursache erforschen!

- Wenn der Hund ein ungestörtes Allge-meinbefinden zeigt, kann man es riskieren, den Hund einen Tag fasten zu lassen.
- Der Hund sollte reichlich Wasser (abge-kocht, evtl. mit Elektrolytpulver) zur freien Aufnahme zur Verfügung haben.
- Ab dem zweiten Tag füttert man eine Ma-gen-Darm-Diät, bestehend aus sehr weich gekochtem Reis, Magerquark (oder Hüt-

3

tenkäse) und gekochtem Hühnerfleisch (zu je einem Drittel). Verteilt wird die Tagesration auf vier kleine Mahlzeiten, die über den Tag verteilt, magenwarm verfüttert werden. (Evtl. Magensäurehemmer zugeben)
Hat sich der Zustand bis zum dritten Tag normalisiert, kann man beginnen, das normale Futter in die Diät einzumischen (drei bis fünf Tage lang). Hat sich der Zustand nach drei Tagen nicht normalisiert, sollte der Hund dem Tierarzt vorgestellt werden.

■ Ein nicht abgedeckter Kompost, für manche Hunde wie ein gedeckter Tisch – die Folgen solch einer Malzeit sind häufig Erbrechen und/oder Durchfall.

Dringend bei:
- häufiges schwallartiges Erbrechen
- gestörtem Allgemeinbefinden
- Fieber
- Bauchkrämpfen
- Blähbauch
- Blut im Erbrochenen, und andere ungewöhnliche Symptome, sollte sofort der Tierarzt aufgesucht werden.

Magendrehung
Symptome
- Erbrechen, stark schaumig
- Gestelzter, steifer Gang
- Schwere Atmung
- Unruhe
- Aufgasung des Bauches

Die Drehung des Magens wird von dem Besitzer in der Regel nicht wahrgenommen, sondern erst die ersten Symptome: Unruhiges Herumlaufen mit eingezogenem Bauch und aufgekrümmtem Rücken. Sie legen sich hin, stehen wieder auf. Sie versuchen zu erbrechen, manchmal kommt Schaum, der zum Teil, wie geschlagenes Eiweiß aussieht. Der immer stärker aufgasende Magen drückt aufs Zwerchfell. Dies führt systemisch zuerst zur erschwerten Atmung, später auch zu Problemen bei der Herztätigkeit und zu Druck auf die großen Gefäße, wie Aorta und Hohlvene. Der gestörte Blutkreislauf führt zu einer hochgradigen Kreislaufschwäche. Es entstehen toxische Abbauprozesse, die zusätzlich noch den Körper belasten. Der Hund beginnt auch von außen sichtbar aufzugasen, der Gang wirkt gestelzt, die Gasfüllung hört sich beim Beklopfen des Magens trommelähnlich an. Die Atmung wird schneller und flacher, der Hund hat starke Bauchschmerzen, zum Teil stöhnen die Tiere vor Schmerz. Die Unruhe weicht später einer Apathie, es entwickelt sich ein Schock! Das Allgemeinbefinden verschlechtert sich rasch

3

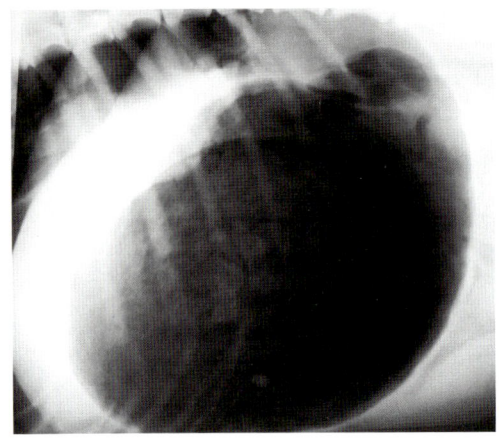

■ *Aufgasung nach Magendrehung.*

und unbehandelt führt die Magendrehung sehr schnell (durchschnittlich ein bis vier Stunden) zum Tod!

Ursachen

Die Magendrehung ist eine Erkrankung, die in erster Linie bei großen Hunden (Schäferhunden, Doggen u.a.) mit entsprechen tiefem und breiten Brustkorb (größere Bewegungsfreiheit des Magens) vorkommt. Auffallend ist, dass knapp zweimal mehr Rüden als Hündinnen erkranken.

Der Magen ist von vorne durch die Speiseröhre und auf der anderen Seite, am Magenausgang mit dem Dünndarm verbunden. Der Magen hängt praktisch zwischen diesen Punkten wie ein Sack, der Leber direkt angegliedert. Die Verbindungslinie zwischen Übergang Speiseröhre zum Magen und Ma-

gen zum Dünndarm ist die Drehachse. Die Befestigungen an der Leber ist sehr nachgiebig, da sie dem Magen für die unterschiedlichen Füllungszustände Bewegungsfreiheit erhalten müssen.

Eine weitere Verbindung zur Milz führt dazu, dass sich bei einer Magendrehung die Milz in der Regel mit dreht. Die genauen Ursachen sind noch nicht alle bekannt, jedoch ist oft die (gierige) Aufnahme großer Mengen Trockenfutter und/oder Wasser, sowie (übermäßige) Bewegung nach dem Fressen mit verantwortlich. Die Bewegung des Hundes bewirkt, dass der gefüllte Magen ins Pendeln kommt, welches dann in einem Überschlagen des Magens, der Magendrehung endet.

Besonders gefährlich sind die nach vorwärts-unten gerichteten Bewegungen verbunden mit starken Geschwindigkeitsänderungen.

Zum Beispiel Herunterlaufen von Treppen, bzw. einer schrägen Ebene mit abruptem Abbremsen oder das Herunterspringen von einer erhöhten Ebene (muss nicht hoch sein). Auch Magen-Darmentzündungen können die Mitursache einer Magendrehung sein, aber auch »grundlose« Magendrehungen sind bekannt, gerade bei größeren, älteren Hunden.

Dreht sich der Magen, wird sowohl die Speiseröhre als auch der Darm zugeschnürt. Die sich in jedem Magen entwickelnden Verdauungsgase können nicht mehr abgeleitet wer-

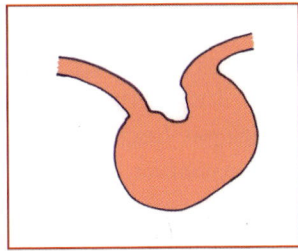

■ Magen in normaler Aufhängung.

■ Frisch gedrehter Magen, Magenein- und -ausgang sind durch die Drehung verschlossen.

■ Der Magen gast immer mehr auf, die Durchblutung der Magenschleimhaut ist gestört, da auch die Gefäße mit abgedreht worden sind.

den, so dass der Magen beginnt, sich aufzublähen. Durch die Drehung des Magens sind auch die Gefäße mit abgedreht, zuerst die dünnwandigen Venen, so dass es lokal in der Magenschleimhaut zu Durchblutungsstörungen kommt.

Was ist zu tun?
Hund schnell zum Tierarzt!
● Den Hund nicht mehr füttern oder trinken lassen!
● Der Hund muss sofort zu einem »operationsfähigen« Tierarzt!
● Rufen Sie auf jeden Fall vorher an, so dass in der Praxis/Klinik schon alles (Röntgen, Venenzugang, Blutkontrolle, OP) vorbereitet werden kann – jede Minute ist wertvoll!
● Zwangsmaßnahmen unterlassen, der Hund nimmt in der Regel die für ihn günstige Lage ein. Auch auf dem Transport sollte der Hund sich seine Haltung selbst aussuchen dürfen.

Nachweisen lässt sich die Magendrehung in zweifelhaften Fällen durch eine Röntgenaufnahme. In der Regel kann nur ein sofortiger operativer Eingriff den Hund retten.

Besser nicht tun
Bitte versuchen Sie nicht den Magen zu punktieren, um Gas abzulassen. Es ist in der Regel nicht sehr hilfreich. Selbst wenn man es schafft, den Magen mit einer handelsüblichen Kanüle zu punktieren, verstopfen diese ständig, so dass fast kein Gas entweichen kann. Viel häufiger kann man weitere Probleme schaffen: Zum Beispiel Verletzung der Milz (sie dreht sich ja mit und ist gestaut – hoher Blutverlust).

Prophylaxe
Vorbeugend sollte man bei allen großwüchsigen Hunden – über 20 kg – lebenslang die Futtermenge auf mindestens zwei Mahlzei-

3

ten verteilen sowie Spielrunden vor der Mahlzeit einlegen – nach dem Fressen für Ruhe (ca. zwei Stunden) sorgen!

Fremdkörper im Maul/Rachen

Symptome
- Speicheln
- Würgen
- Mit der Pfote am Maul hantieren
- Reiben der Schnauze über den Boden

Speziell beim Spielen, aber auch bei der Aufnahme von Futter können Fremdkörper zum Zungengrund gelangen und sich dort festsetzen. Je nach Lage sind die Symptome unterschiedlich. Häufig speicheln und würgen die Hunde. Einige Hunde werden versuchen, durch Reiben der Schnauze auf dem Boden oder an der Pfote sich des Fremdkörpers zu entledigen. Die Futter-, aber oft auch die Wasseraufnahme werden eingestellt.

Bleibt der Fremdkörper über längere Zeit unentdeckt, treten Entzündungen und Nekrosen mit starkem Maulgeruch auf.

Ursachen
- Verkeilte Knochen oder Holzstücke am Gaumen.
- Andere Fremdkörper

Was ist zu tun?

Hier hilft nur eine gründliche Inspektion der Maulhöhle und der Zahnzwischenräume! Speziell am Gaumendach und in den Backentaschen können Fremdkörper von den Hunden oft nicht selbst entfernt werden! Vorsichtig sollte auch der Zungengrund untersucht werden (eventuell mit Taschenlampe). Hat der Hund Erstickungsanfälle, muss probiert werden, den Fremdkörper zu entfernen. Es gibt zwei Möglichkeiten, dies zu tun. Ist der Fremdkörper von der Maulhöhle aus zu erreichen, kann man versuchen, ihn heraus zu ziehen. Hilfsmittel jeglicher Art sind brauchbar. Einfache Korkenzieher zum Beispiel können gut in Gummi- oder Tennisbälle eingedreht werden und ihn so herausbefördern.

Eine andere Möglichkeit ist der Versuch, den Fremdkörper mittels Atemdruck rauszustoßen. Hierfür wird der Brustkorb ruckartig komprimiert, so dass die in der Lunge und in der Luftröhre vorhandene Luft den Fremdkörper rausdrückt. Dies funktioniert umso schlechter, je mehr Luft noch am Fremdkörper vorbei passt.

Im Zweifelsfall immer zum Tierarzt gehen.

Fremdkörper in der Speiseröhre oder im Magen-Darmbereich

Symptome:
- Erbrechen
- Wasser wird zum Teil schwallartig erbrochen
- Starke Bauchschmerzen
- Kotabsatzstörungen
- Blutiger Darmausfluss

3

Ursachen

Besonders junge, verspielte oder extrem verfressene Hunde haben mit dem Abschlucken von nicht fressbaren Gegenständen Probleme. Hierzu gehören sicherlich Spielzeugteile, Socken, Flummis, Steine und alles, was sich nicht weigert, abgeschluckt zu werden.

Die Speiseröhre ist sehr dehnungsfähig, besitzt aber am Brusteingang an der Herzbasis und am Zwerchfelldurchtritt deutliche Engstellen, an denen sich Fremdkörper festsetzen können. Je nach Lage und Art des Fremdkörpers führt dies zu Unruhe, Speicheln, Würgen und Nahrungsverweigerung. Im günstigsten Fall gelangt der Fremdkörper in den Magen, bleibt symptomlos/-arm und wird nach zwei bis drei Tagen via naturalis wieder ausgeschieden.

Das Hauptsymptom für einen störenden Fremdkörper im Magen-Darm-Bereich ist das Erbrechen! Wobei gelegentlich der Fremdkörper ganz unspektakulär wieder erbrochen wird. Weitere Symptome hängen von Lage, Art und Schmerzhaftigkeit des Fremdkörpers ab. Fremdkörper im Dünndarm führen zu häufigem Erbrechen, anfänglich auch oft mit Durchfall. Das Tier hat starke Bauchschmerzen, verweigert das Futter. Es tritt Mattigkeit auf. Im späteren Stadium kommt es zu Schocksymptomen und ohne adäquate Behandlung zum Tod.

Bei einem Fremdkörper im Enddarm, versucht das Tier in der Regel vergeblich, Kot abzusetzen, oft mit deutlichen Schmerzäußerungen. In der Regel werden dann aber nur wenig flüssige, manchmal schleimige Massen am Fremdkörper vorbei ausgeschieden (eventuell mit Blut).

Was ist zu tun?

Bei entsprechendem Verdacht umgehend den Tierarzt aufsuchen! Herausragende Fremdköperteile bitte vor dem totalen Verschwinden sichern, festhalten oder »anketten«. Speziell an schnurartigen Fremdkörpern, die noch aus dem Hund ragen, egal ob vorne oder hinten, darf nicht gezogen werden – es besteht Verletzungsgefahr!

Atem-Notfälle

Atemnot

Jede erschwerte Atmung wird als Atemnot bezeichnet. Wache Tiere mit spontaner Atmung zeigen bei behinderten Atemwegen/Gasaustausch oft eine Atemnot beim Einatmen, sowie mehr oder weniger laute Atemgeräusche.

Symptome

In fortgeschrittenen Stadien atmen die Tiere mit offenem Maul, oft in »Sitzhaltung«, oder stehend mit abgespreizten Ellbogen und mit gerade nach vorne gestrecktem Kopf. Ebenfalls zu beobachten ist ein »Backenblasen« bzw. Lippenatmen.

Bei Atemproblemen bei der Ausatmung tritt die Bauchpresse in Kraft, die Eingeweide werden gegen das Zwerchfell gedrückt. Dies führt zu einem weiteren Druck auf die Lunge, der bei der Ausatmung behilflich ist. Zu beobachten ist hier oft auch die so genannte »Afteratmung«, die Analrosette bewegt sich atemsynchron vor und zurück!

Hecheln ist bei Hitze, Anstrengung oder Aufregung normal, es dient nicht der eigentlichen Atmung, sondern dem Wärmeaustausch und darf nicht als Atemfrequenz gezählt werden!

Wie effizient die Atmung ist, lässt sich am schnellsten durch die Begutachtung der Schleimhäute im Maulbereich beurteilen. Rosarote Schleimhäute/Zunge signalisieren stets eine ausreichende Sauerstoffsättigung des Blutes und sind der Normalzustand.

Bläuliche Schleimhäute (Zunge, Zahnfleisch, Vulva- und Rektumschleimhaut) geben Warnhinweise auf eine ungenügende Sauerstoffversorgung.

Achtung: Tieren mit Blutarmut, u.a. starken Blutungen, bekommen wegen ihrer verminderten Erythrozytenzahl bei Sauerstoffunterversorgung erst viel später blaue Schleimhäute, als Tiere ohne Blutverlust.

Schwarze Schleimhäute im Maul sind nicht krankhaft, sondern pigmentiert! Eignen sich aber zur Beurteilung der Atmung (oder Kreislauf) nicht! Hier kann man die Vulva-/Penisschleimhaut kontrollieren.

Ursachen

Die Ursachen für das Symptom Atemnot sind vielfältig. Es kann durch zentrale Steuerung, wie bei arteriellem Blutdruckabfall, Minderdurchblutung des Atemzentrums bei Herzproblemen und Kreislaufschwäche (alte Hunde) entstehen, aber auch bei Steigerung der Bluttemperatur (Fieber), Schmerzen, Angst und Erregung.

Eine andere Möglichkeit ist eine mechanisch bedingte Störung, wie Flüssigkeit in den Lungenbläschen, Schleim oder Fremdkörper in den Luftwegen. Auch können die Luftwege durch Entzündung oder bei allergischen Reaktionen (Insektenstiche) zugeschwollen sein. Aber gerade auch nach Unfällen oder Beißereien kann Atemnot durch die Entwicklung eines Pneumo(Luft-)thorax oder

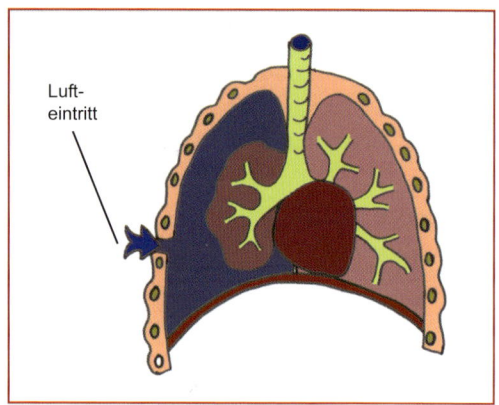

Luft-
eintritt

■ *Pneumothorax – durch eine Wunde dringt Luft in den Brustkorb, die Lungenhälfte kollabiert und wird kaum noch belüftet.*

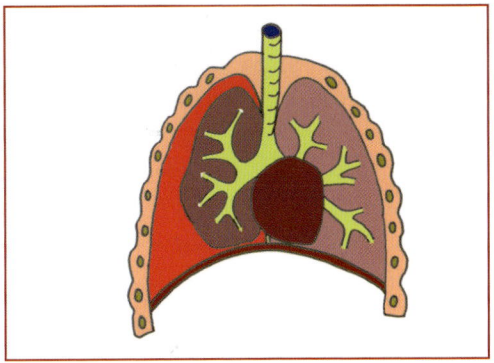

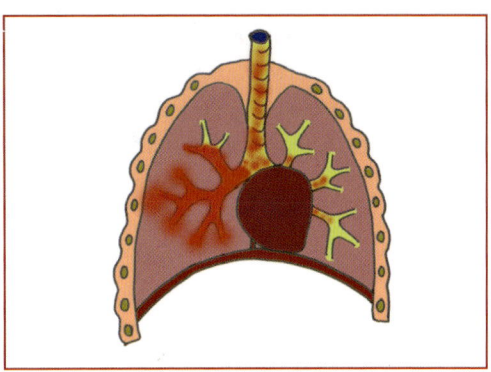

■ *Hämothorax – durch eine Verletzung fließt Blut in Brustkorb, die Lunge »schwimmt« in Blut, auch diese Lungenhälfte wird kaum noch belüftet.*

■ *Lungenblutungen – Blut fließt in die Bronchien und wird teilweise ausgehustet oder auch schaumig durch die Nase ausgeatmet.*

eines Zwerchfellbruches entstehen, genauso wie durch Lungenblutungen.

Ein Pneumothorax entsteht, wenn durch eine Verletzung Luft in den Brustkorb eindringt. Das Lungengewebe ist nicht mit dem Brustkorb verwachsen, sondern »klebt« nach dem Saugnapfprinzip an der inneren Brustkorbwand. Geht der Unterdruck verloren, kollabiert die betroffene Lungehälfte und kann sich an der Atmung nicht mehr beteiligen. Da jede Lungenhälfte sich in einer abgeschlossenen Höhle befindet, ist die zweite Lungenhälfte von diesem Vorgang nicht betroffen.

Es gibt zwei Möglichkeiten, wie Blutungen der Lunge die Atmung behindern. Gibt es eine Blutung in den Lungenbläschen, füllt sich die Lunge mit Blut. Blut kann aus der Nase fließen, der Hund hustet es zum Teil auch

aus, ein Teil wird auch direkt am Kehlkopf in die Speiseröhre abgeschluckt. Blutet die Lunge nach »außen«, fließt das Blut in den Brustkorb, zwischen Lunge und Brustwand. Der betroffene Lungenbereich »schwimmt« im Blut. Das Lungengewebe wird zusammengedrückt und kann so nicht mehr voll belüftet werden.

Bei dem Zwerchfellbruch reißt das Zwerchfell, welches Bauch- und Brustraum voneinander trennt. Darm und andere Eingeweide können nach vorne in den Brustraum gelangen. Auch in dieser Situation, kann sich die Lunge nicht mehr voll entfalten.

Was ist zu tun?
Bei starker Atemnot:
● Für ausreichende Frischluftzufuhr und kühle Umgebungstemperatur sorgen.

3

- Wichtig ist Freihalten der Atemwege, Sauerstoffverabreichung – falls möglich.
- Aufregung, sowie Zwangsmaßnahmen und -lagerung sollte verzichtet werden.
- Der Hund darf in gar keinem Fall soweit irritiert werden, dass er Angst bekommt, oder sich stark wehren will. Durch die Gegenwehr benötigt der Hund mehr Sauerstoff. Das Sauerstoffdefizit wird größer, der Hund muss versuchen, noch stärker zu atmen. Das Problem vergrößert sich radikal und kann sehr schnell zum Tod führen.

Ist der Hund bei Bewusstsein, kann man durch vorsichtige Untersuchung versuchen, die Ursache der Atemnot zu erkunden!
Eine Untersuchung, auf die man nicht verzichten sollte, ist die Messung der Körperkerntemperatur.
Hund umgehend einem Tierarzt vorstellen.

Sie können keine Atemzüge feststellen!
– Was nun?
Die wichtigsten Maßnahmen bei einer Atemwegsverlegung und einem Atemstillstand:
Strecken Sie den Kopf des Hundes nach vorne, öffnen Sie den Fang und ziehen Sie die Zunge heraus.
Kontrollieren Sie als erstes die Maulhöhle mit den Augen eventuell auch mit den Fingern!

Inspektion der Atemwege:
Bei weit nach vorne gestrecktem Kopf ist es möglich, tief in den »Hals« zu schauen. Kontrollierbar ist Maulhöhle bis maximal Kehlkopf – (Taschenlampe, eventuell Spatel und Maulkeil) – nicht inspizierbar sind Luftröhre und Lunge.
Mit einem Spatel (Stöckchen) kann man den Kehldeckel auf die Zunge drücken, um den Kehlkopf inspizieren zu können (bewusstloser Hund!).

Freiräumen der Atemwege:
Bevor man mit den Fingern oder einem Hilfsmittel beginnt, das Maul frei zu räumen, sollte man das Maul mit einem »Keil« (Holzstück, fester Kunststoff) sichern/offen halten.

Mögliche Ursachen:
- Fremdkörper – Knochen, Stöcke, Mageninhalt, Sekret, Schleim
- Nach Traumen – Blutkoagola (-pfropfen), Schwellungen
- Bei Allergie – Ödeme, Schwellung
- Andere raumfordernde Prozesse – Tumore, u.ä.

Entfernung eines Fremdkörpers aus der Luftröhre durch den Heimlich-Griff:
Beim seitlich gelagerten Hund legt der Helfer seine Faust unterhalb des Schwertfortsatzes des Brustbeines auf. Mit ruckhaftem Druck in Richtung Zwerchfell/Herz können Fremdkörper aus dem Bereich der oberen Luftwege ausgeschleudert werden. Bei kleinen Hunden kann eine kopfüber hängende Lagerung gewählt werden. Die linke Hand

fixiert beide Schultergelenke und drückt die Wirbelsäule des Tieres an die Brust des Helfers. Die rechte Hand des Helfers führt den Heimlich-Griff durch.

Vorsicht: Diese Maßnahme birgt eine Verletzungsmöglichkeit zum Beispiel von Leber, Zwerchfell.

Entfernung eines Fremdkörpers aus dem Bereich vor dem Kehlkopf:
Dieser Bereich ist durchaus beim Öffnen des Maules zu erkennen. »Ballartige Fremdkörper« verschließen die Luftröhre oft komplett. Mit zangenähnlichem Werkzeug ist es in der Regel nur schwer möglich, den Fremdkörper zu entfernen – hier ist häufig ein Korkenzieher hilfreich.

Nach Kontrolle der Atemwege
Atemwege sind frei! Es setzt keine Spontanatmung ein – sofort Herzschlag kontrollieren! Sofort mit der Beatmung oder Reanimation beginnen.

Material
- Fieberthermometer
- Sauerstoff
- Taschenlampe

Ertrinken
Obwohl Hunde sehr gute Schwimmer sind, können auch sie im Wasser verunglücken und ertrinken.

Symptome
Wie beim Ertrinken des Menschen, schafft der Hund es nicht mehr, sich an der Wasseroberfläche zu halten. Er versinkt komplett unter Wasser.
In der Anfangsphase des Ertrinkens setzt die Atmung häufig durch einen Stimmritzenkrampf im Kehlkopf aus, der ein weiteres Eindringen von Wasser vorerst verhindert (trockenes Ertrinken), so dass nach der Rettung gleich mit den Reanimationsmaßnahmen begonnen werden kann. Tritt dieser Stimmritzenkrampf nicht ein, dringt Wasser in die Lunge, die die Atmung und die Beatmung schwieriger machen.

Ursachen
Am Meer, in großen Flüssen und in Bergbächen können Strudel und starke Strömungsverhältnisse für ein langes, anstrengendes Schwimmen verantwortlich sein. Schwimmbecken mit steilen Wänden können es dem Hund unmöglich machen, diese wieder zu verlassen. Oder eine sehr niedrige Wassertemperatur, die eine schnelle Unterkühlung bewirkt. Auch das Einbrechen auf Eis kann dazu führen, dass der Hund sich nicht aus seiner Lage befreien kann und ertrinkt.

Was ist zu tun?
Bergungsversuche sollten nur gestartet werden, wenn das eigene Leben nicht in Gefahr gebracht wird! Jeder sollte berücksichtigen,

3

dass man als Mensch durch den größeren »Tiefgang« noch stärker in gefährliche Unterströmungen kommt.

Drückt man bei der Herzmassage Wasser aus der Lunge, oder lässt sich der Hund nicht beatmen, kann man davon ausgehen, dass Wasser in die Lunge gekommen ist. Süßwasser wird in der Regel recht schnell aus Alveolen von den Lungenkapillaren aufgenommen, so dass es nicht notwendig ist, aktiv zu versuchen, das Wasser aus der Lunge zu bekommen. Dieses würde ein Erbrechen erzeugen und die Gefahr besteht, dass Erbrochenes, welches nicht mehr resorbiert wird, in die Lunge kommt.

Die bei den meisten Ertrinkungsunfällen bestehenden Unterkühlungen verlängern die Zeitspanne der erfolgreichen Reanimation (siehe Seite 63), da der Sauerstoffbedarf der Zellen und damit das Auftreten von Schäden deutlich geringer ist.

Nach geglückter Wiederbelebung sollte der Hund trotzdem dem Tierarzt vorgestellt werden, da zum Beispiel noch Gefahr von Lungenentzündung, -ödem vorhanden ist.

Material
- Rettungsseil
- Rettungsdecke

Fremdkörper in den Atemwegen oder in der Lunge
Symptome
- Atemgeräusche
- Atemnot
- Husten
- Röcheln
- Niesen
- Nasenausfluss

Symptome treten je nach Lokalisation auf. Wird ein Fremdkörper mit der Nase eingeatmet, bleibt er in der Regel in den Nasenmuscheln hängen. Dort reizt er lokal die Schleimhäute. Kann er nicht wieder ausgeniest werden, entsteht eine lokale Entzündung, die zu eitrigem Nasenausfluss führen kann.

Gelangt der Fremdkörper in die Luftröhre oder Lunge, treten Atemprobleme und/oder Atemgeräusche auf. Die Symptomatik wird je nach Größe und Lage variieren. Sehr kleine Fremdkörper verursachen keine Atemnot, sondern nur lokale Entzündungen, bei größeren Fremdkörpern kann Würgen, Röcheln und/oder Husten auftreten. Je nach Lage des Fremdkörpers kann auch ventilartig Atemnot auftreten.

Auch hier tritt, nach längerem Verbleib des Fremdkörpers in den Atemwegen, eine lokale Entzündung, Bronchitis oder Lungenentzündung auf.

In schweren Fällen von Atemnot färbt sich Zunge und Maulschleimhaut bläulich und das Tier kann das Bewusstsein verlieren.

3

Was ist zu tun?
- Vorsichtige Inspektion der Maulhöhle
- Sauerstoffverabreichung
- Tier nicht aufregen

Notfälle durch Insekten

Insektenstiche

Das Problem tritt in jedem Sommer wieder auf! Egal ob Wespen- oder Bienenstiche, aber auch Ameisen-»Bisse« treten in der Regel am Kopf, an der Schnauze oder an den Pfoten auf, wenn der Hund nach den Insekten schnappt oder hineintritt.

Symptome
- Aufschreien
- Belecken von zum Beispiel der Pfote
  Lokal
- Schwellung, Schmerzen, Juckreiz
  Systemisch
- Erbrechen, Durchfall
- Atemnot

Direkte Giftwirkung

Diese ist an eine entsprechende Dosis gebunden. Bei einzelnen Stichen wird man es vorwiegend mit lokalen Reizungen zu tun haben, die jedoch äußerst schmerzhaft sein können. Schwellung, Rötung und Juckreiz sind unmittelbare Folgen. An Pfote, Bein oder Bauch ist ein einzelner Stich insofern harmlos!

Erfolgt der Stich aber im Maul, Zungen- oder Rachenbereich, führt die Schwellung zu Schluckbeschwerden und/oder zu erschwerter Atmung bis hinzu schweren Erstickungsanfällen.

Wird ein Hund von einem ganzen Schwarm aufgebrachter Insekten angegriffen, so droht auch eine generalisierte Giftwirkung. Die Insektengifte enthalten eine Vielzahl von Substanzen, die nicht nur lokale Reizungen und Schmerzen hervorrufen, sondern bei entsprechender Dosis sind auch eine Zerstörung roter Blutkörperchen, eine Beeinträchtigung des Nervensystem, sowie der Leber- und Nierenfunktion nicht ausgeschlossen. Symptome entwickeln sich zum Teil erst im Laufe der ersten Stunden bis Tage.

Allergische Reaktion

Ist ein Hund allergisch gegen bestimmte Bestandteile des Insektengiftes, so reicht schon ein einziger Stich für heftige Reaktionen aus – unabhängig von der Lokalisation! Allergische Reaktionen sind als gefährlich einzustufen, da bei sensibilisierten Tieren schon winzige Giftmengen ausreichen, um lebensgefährliche systemische Wirkungen auszulösen, die so genannten anaphylaktischen Reaktionen. Sie können von anfänglich leichten lokalen Hautveränderungen bis hin zu einem schweren Schock reichen.

3

Im Einzelnen gibt es folgende Symptome

Ein Zusammenziehen der glatten Muskulatur von Magen, Darm, Blase oder Bronchien, welches zu Atemnot, Erbrechen und Durchfall führt.

Eine periphere Gefäßerweiterung, die lokale Schwellung und Rötung verursacht, eventuell auch systemischen Einfluss auf die Kreislaufverhältnisse nimmt, bis hin zum Schock.

Eine erhöhte Gefäßdurchlässigkeit, die über den Austritt von Flüssigkeit und Blutbestandteilen ins Gewebe zu lokalen Schwellungen, Ödemen (auch Lunge) führt.

Ursachen

Wespen-/Bienenstiche

Beobachtet wird häufig ein plötzliches Aufschreien/-jaulen des Hundes, mit anschließendem heftigem Belecken einer Stelle – oft der Pfote und leises Jammern. Die Folgen von Insektenstichen, sei es nun von Ameise, Bienen, Wespen oder Hornissen, werden in die zwei Typen (Gift-/Allergiereaktion) unterschieden.

Was ist zu tun?

● Kontrollieren, ob man einen Stachel findet
● Stelle kühlen

Bienen können nur einmal stechen. Ihr Stachel verbleibt meist zusammen mit einem Giftsäckchen am vermeintlichen Gegner. Da dieses Säckchen auch nach dem Stich noch Gift in die Wunde pumpt, sollte es möglichst schnell, mitsamt dem Stachel entfernt werden. Mit einer Pinzette (Zeckenzange) fasst man den Stachel direkt oberhalb der Haut und zieht ihn vorsichtig ohne Quetschung des Giftsäckchens heraus.

Der Hund sollte, mittels Abdeckung, Verband, Halskragen u. ä. daran gehindert werden, die Einstichstelle zu belecken oder zu benagen.

Zur Behandlung der lokalen Reizung können Kühlkompressen, kaltes Wasser oder kühlende, schmerzlindernde Gele bzw. Antihistaminika-Salben verwendet werden.

Besondere Aufmerksamkeit erfordert die Behandlung von Insektenstichen im Kopf-, Maul- und Rachenbereich. Um gefährliche Schwellungen und Schmerzen zu verhindern/reduzieren muss die Einstichstelle mit Eis und kaltem Wasser versorgt werden.

Bei dem Angriff eines Schwarmes kann man zwar durch ein schnelles Entfernen der Stachel die Giftbelastung senken. Trotzdem sollte das Tier unter Kontrolle und Sicherung der Vitalfunktionen umgehend in tierärztliche Behandlung verbracht werden, bevor es zur vollen Giftwirkung kommt. Bevor man aber panisch wird, sollte man kontrollieren, ob die Insekten überhaupt die Möglichkeit hatten zu stechen. Einige Hunderassen haben ein sehr dickes Fell, so dass es den Insekten nur an den wenigen kurz behaarten Stellen gelingt, wirklich zu zustechen.

Zeckenbisse

Zecken sind wahre Plagegeister! Mit ihren acht Beinen gehören sie zoologisch zu den Spinnentieren. Sie lieben die feucht warme Jahreszeit (Temperaturen regelmäßig über 10°C und Niederschlag), das heißt, es gibt ein verstärktes Auftreten im Frühjahr und Spätsommer/Herbst. Sie sitzen besonders im hohen Gras, in Büschen und im Unterholz – in der Regel in Kniehöhe. Nicht aber auf Bäumen – sie lassen sich nicht von oben fallen – sondern bleiben beim Vorbeistreifen hängen. Zecken laufen bis zu vier Stunden auf dem Hund herum, um eine günstige Stelle mit dünner, weicher Haut und guter Blutversorgung zu finden. Dort bohrt sich die Zecke mit ihrem Kopf tief in die Haut. Den Zeckenbiss merken die Tiere nicht, da der Speichel lokal anästhesierende Substanzen enthält. Zecken können verschiedene Krankheiten übertragen. In Deutschland am häufigsten sind Borreliose und die FSME (Hirnhautentzündung), sowie immer häufiger die Babesiose (Hunde-Malaria). Einige Hunde reagieren an der »Einstichstelle« mit schweren Entzündungen. Es bildet sich dann in relativ kurzer Zeit eine Schwellung, die sich dann zu einem eitrigen Krater entwickelt, in dessen Mitte sich die Bissstelle befindet.

Was ist zu tun?

Das Wichtigste ist die Vorbeugung! Dies kann man auf zweifacher Weise tun. Einmal

■ *Zeckenzange mit herausgedrehter Zecke.*

sollte man grundsätzlich seinen Hund direkt nach jedem Wald-/Wiesenspaziergang nach Zecken absuchen bzw. mit einem Flohkamm durchkämmen. Dies hat den Vorteil, dass man die Zecke oft noch frei laufend auf dem Hund absammeln kann. Zum anderen sollte der Hund in der »Zeckenzeit« lückenlos mit einem zeckenwirksamen Antiparasitikum, wie Scalibor, Frontline oder Advantix geschützt sein. Hatte eine Zecke die Möglichkeit, sich mit dem Kopf in die Haut einzubohren, sollte man sie umgehend (möglichst innerhalb der ersten Stunden) entfernen! Idealerweise entfernt man die Zecke mit einer handelsüblichen »Zeckenzange«.

Es gibt zwei verschiedene Zeckenentfernungsgeräte:

● Bei der älteren Version von Zeckenzange wird der Zeckenkopf festgehalten, und die Zecke rausgedreht. Die Drehrichtung ist dabei nicht wirklich wichtig.

3

- In neuerer Zeit gibt es Zeckenentfernungsgeräte, bei denen der Kopf eingeklemmt und ohne zu drehen rausgezogen wird. Zwischen beiden Methoden gibt es keinen wirklichen Vorteil, entscheiden sollte man nach dem persönlichen Handling.

Infizierte Bissstellen sollten antibiotisch behandelt werden.

Besser nicht tun

Die Einstichstelle darf vor der Entfernung nicht desinfiziert oder mit anderen Mitteln (Öl, Klebstoff) behandelt werden. Auch die Zecke selbst darf nicht vor/zur Entfernung getötet oder gequetscht werden.

Material

- Zeckenzange
- Zeckenentfernungsgerät
- Wundspray

Thermische Notfälle und Verätzungen

Überhitzungen/Hitzeerschöpfung/ Hitzschlag

Hunde sind für eine Überhitzung wesentlich anfälliger als Menschen, da einige Mechanismen unflexibler funktionieren. Zum Beispiel haben Hunde so gut wie keine Schweißdrüsen. Die wenigen, die sie besitzen, befinden sich im Pfotenzwischenbereich und sind zur Thermoregulation wenig zu gebrauchen.

Hohe Umgebungstemperaturen, körperliche Aktivität oder allgemeine Stoffwechselsteigerung können zu Temperaturanstieg führen, durch welche der Körper recht schnell mit Gegenmaßnahmen reagieren muss, um die Temperatur in den engen Grenzen zu halten. Die Gesamtwärmeabgabe ist gleich der Summe der einzelnen Komponenten:

- Verdunstung – beim Hund nur über Hecheln
- Konvektion – mitführen von Wärme durch die Luft
- Wärmeleitung – durch direkten Kontakt zu kühleren Untergründen wird Wärme abgeleitet
- Wärmestrahlung – Abgabe von Wärme an die Umgebung

Das Ableiten (Konvektion) von Wärme ist durch das dicke Fell für Hunde wesentlich schwieriger, als für uns Menschen. Erst durch stärkere Luftbewegungen findet ein nennenswerter Austausch statt.

Die Weitstellung der Hautgefäße verstärkt die Abgabe von Körperwärme an die Umgebung. Durch einen direkten Kontakt zu kühlen Untergründen findet eine Wärmeableitung statt, die aber auch durch ein dichtes Fell stark abgeschwächt wird.

Am wirkungsvollsten wird eine Abkühlung durch die Verdunstungskälte erreicht. Die beim Hund, anders als beim Menschen, vorwiegend über die Verdunstung von Speichel im Bereich der oberen Atemwege absolviert wird. Das Hecheln bewirkt einen Luftaustausch und damit auch die Verdunstung – nicht nur im Maulbereich, sondern auch in der Luftröhre und den oberen Bronchien – stattfindet. Diese Vergrößerung der Oberfläche bewirkt eine höhere Verdunstungsrate und damit eine höhere Effektivität. Die durch das Hecheln entstehenden Flüssigkeitsverluste werden leicht unterschätzt, treten sie doch beim hechelnden Hund nicht so offen zu Tage, wie beim nass geschwitzten Menschen.

■ *Stark hechelnder Hund. Hecheln ist für den Hund oft die einzige Möglichkeit, sich Kühlung zu verschaffen.*

Ursachen

Die Temperaturregulation über die Verdunstung (Hecheln) funktioniert nur so lange, wie die umgebende Luft Flüssigkeit gut aufnimmt. Ist die Luft schon gesättigt mit Feuchtigkeit, dies ist an Tagen mit hoher Luftfeuchtigkeit (schwülem Wetter) der Fall, haben Hunde Schwierigkeiten mit der Thermoregulation. Die Luft kann keine/kaum Feuchtigkeit mehr aufnehmen.

Bei trockenem, warmem Wetter funktioniert die Verdunstung durch Hecheln sehr gut. Der Hund verliert aber große Mengen an Flüssigkeit.

Eine ausreichende Flüssigkeitszufuhr ist darum Voraussetzung, um weiter durch Hecheln eine effektive Temperaturregulation zu bewirken.

Wird beim Hecheln kein Mechanismus in Gang gebracht, der die Körpertemperatur senkt, steigt die Körpertemperatur. Eine **Überhitzung** wird relativ schnell erreicht.

Bei starker Wärme entstehen durch das Hecheln hohe Flüssigkeitsverluste (Flüssigkeitsverdunstung 1L/Stunde). Bekommt der Hund in dieser Situation nicht genügend Wasser zu trinken, kann die Temperaturregulation durch Hecheln nicht mehr funktionieren.

Als Hilfsreaktion des Körpers werden zuerst die Hautgefäße weit gestellt, um eine vermehrte Wärmeabgabe über die Haut zu erreichen. Die Hautoberfläche fühlt sich warm an. Jedoch ist die Wärmeabgabe über die behaarte Haut des Hundes nicht effektiv. Es beginnt eine weitere Überhitzung. Wird dieser Kreislauf nicht unterbrochen, endet er in der **Hitzeerschöpfung** (-kollaps).

Ab 40°C setzen Kreislaufbeschwerden ein. Durch die hohen Flüssigkeitsverluste »fehlt« das Blut in wichtigen Organen. Es setzt eine Kreislaufzentralisation ein, die peripheren

3

WICHTIG

Ein Überschütten mit einem Eimer kalten Wasser kann der angeschlagene **Kreislauf** nicht verkraften. Bedenken sollte man auch, dass ein Tier, dessen Körperkerntemperatur durch Überhitzung mehr als 40°C erreicht hat, nicht in einem heißen stickigen Auto zum Tierarzt gebracht werden sollte.

Hautgefäße werden jetzt wieder eng gestellt. Die Körperoberfläche fühlt sich in diesem Stadium sogar eher kühl an. Als Ausdruck des Flüssigkeitsdefizites finden sich Benommenheit und schneller, flacher Puls. Auch trockene Schleimhäute und eine verminderte Hautelastizität stellen sich ein. Das Tier befindet sich in einem **Hitzeschock**.

Der **Hitzschlag** ist die schwerste Störung der Wärmeregulation. Der Körper schafft es nicht mehr, die Temperatur von über 41°C (–43°C) abzusenken. Solch eine Wärmestauung führt zu Stoffwechselstörungen und Beeinträchtigung der Körpermembranen. Organschäden und Hirnschwellungen sind nicht auszuschließen.

Häufige Symptome sind:
- beschleunigter Puls
- trockene, gerötete Schleimhäute
- Atemnot
- Erbrechen
- Durchfall
- Krämpfe
- Benommenheit
- Bewusstlosigkeit

Es besteht akute Lebensgefahr!

Was ist zu tun?
- Unterbindung jeder weiteren Wärmezufuhr, zum Beispiel durch Verbringen an einen kühlen Ort, ist die wichtigste Maßnahme.
- Ein bewusstloser Hund muss in Seitenlage verbracht werden. Beim Herunterkühlen der Körpertemperatur mit kaltem Wasser, vorsichtig an den Gliedmaßen beginnen.
- Ist der Hund noch bei Bewusstsein, kann man ihn vorsichtig in den Bach stellen. Diese Form von Kühlung kann man langsam auf den ganzen Körper ausdehnen. Bieten Sie dem Hund, solange er kontrolliert abschlucken kann, auch Trinkwasser an!
- In schweren Fällen hat die Abkühlung des Körpers sehr vorsichtig und langsam zu erfolgen. Angestrebt wird eine Absenkung der Temperatur auf etwa 39°C innerhalb von 30 bis 60 Minuten.

Prophylaxe
Im Sommer sollte im Auto immer ein Kanister (mind. zwei Liter), ein Trinknapf und ein

altes Handtuch mitgeführt werden. So kann dem Hund zum Beispiel bei Stau auf der Autobahn Kühlung verschafft werden.

Den Hund im Sommer zu scheren, ist durchaus eine brauchbare Möglichkeit, die Thermoregulation zu unterstützen. Natürlich ist es so, dass ein kurz geschorener Hund sich durch direkte Sonnenstrahlung schneller aufwärmt, als ein langhaariger Hund, da das Fell auch eine Zeit lang gegen die Wärmestrahlung von außen isoliert.

Jedoch hat der geschorene Hund deutlich weniger Probleme, die Wärme wieder abzugeben. Leichte Luftbewegungen tauschen bei kurzem Fell schon Körperwärme aus. Noch einfacher ist es, wenn der Hund sich auf eine kühle Fläche legt oder eine Abkühlung im Wasser sucht. Der langhaarige Hund hat neben dem Hecheln nur die Möglichkeit, sich durch kaltes Wasser abzukühlen, da dieses direkt bis an den Körper kommt. Das nasse Fell kann dem Hund dann eine Weile helfen, die Temperatur niedrig zu halten. Die Wärmeabgabe über Konvektion, Wärmeabstrahlung und Wärmeableitung ist aber stark eingeschränkt.

Unterkühlungen

Das Gehirn sorgt mit seinem Temperaturzentrum dafür, dass die Körpertemperatur in engen Grenzen gehalten wird. Das Gehirn reagiert deshalb auf das Absinken der Körperinnentemperatur mit entsprechenden Gegenmaßnahmen. Durch Stoffwechselsteigerung, Kreislaufaktivierung und Muskelaktivierung (Zittern) wird die eigene Wärmeproduktion erhöht. Das gesträubte Fell dient gleichzeitig einer verminderten Wärmeabgabe. Eine Unterkühlung ist ein ernster Notfall, bei dem es zu einem messbaren Abfall der Körperinnentemperatur kommt.

Symptome bei absinkender Körperinnentemperatur

(Gradangaben sind »ca.-Werte«; die Übergänge sind fließend.)

Normaltemperatur
38–39°C
Die Normaltemperatur schwankt je nach Alter und Aktivitätsgrad, bleibt aber in bestimmten Grenzen!

Grenzbereich-Körpertemperatur
38–37°C
Eine Temperatur von 37,8°C kann bei einem älteren, nicht erregten Hund noch völlig normal sein, für einen Welpen ist es aber schon eine deutliche Untertemperatur.

Deutliche Untertemperatur
37–36°C
● Steigerung der körpereigenen Wärmeproduktion, was sich als Kältezittern manifestiert,
● verengte Hautgefäße, so dass der Wärmeverlust minimiert wird.

3

Abwehrstadium
36–34°C:
In der Anfangsphase herrschen noch die Abwehrmechanismen des Körpers vor:
- Schneller Puls,
- gesteigerte Atmung,
- Kältezittern
- Hautgefäße weiter verengt

Bei anhaltender Kälte schafft sich der Körper durch die Drosselung der peripheren Durchblutung eine isolierende Körperschale. Diese schützt den Körperkern mit seinen lebenswichtigen Organen vor weiterer Auskühlung. Eine plötzliche Gefäßerweiterung in der Körperschale durch Bewegung, Massage oder rasche Wärmezufuhr würde zum Einströmen kühlen Blutes in den Körperkern führen – gefährlich!

Erschöpfungsstadium
34–30°C:
Ab etwa 34°C Körperinnentemperatur folgt das Erschöpfungsstadium. Puls und Atmung werden langsamer, das Zittern weicht langsam einer Muskelstarre und es kommt zu Bewusstseinsstörungen.
Sinkt die Temperatur weiter, so treten Hirnfunktionsstörungen auf und die Reflexe nehmen ab.

Lähmungsstadium
30–27°C:
Ab 30°C Körperinnentemperatur mündet die Unterkühlung in eine tiefe Bewusstlosigkeit (Kältenarkose), eine Schmerz- und Pupillenantwort fehlt. Die Muskelstarre löst sich auf, und es beginnt eine schlaffe Lähmung. Es muss mit dem so genannten Kältetod durch Herz- und Atemstillstand gerechnet werden.

Scheintod
ab 28°C:
Das Tier fällt in ein Kältekoma, mit Atemstillstand und Kammerflimmern. Dieser Zustand kann bei passender Reanimierung überlebt werden.

Ursachen
- Nässe und Feuchtigkeit,
- Schlechte Ernährung und Hunger,
- Krankheit, Erschöpfung,
- schlechte Isolierung; verdrecktes Fell,
- Wind,
- Kontakt zu stark Wärme ableitenden Materialien, wie Metall und Wasser.

Das Haarkleid und die genannten Mechanismen schützen den Hund in der Regel recht gut, trotzdem stellen einige Faktoren hohe Anforderungen an die Temperaturregulation, und es bedarf keiner tiefen Minusgrade für eine Auskühlung! So müssen kleine Hunde wegen der großen Oberfläche im Vergleich zum Körpergewicht mehr Energie für den Wärmeerhalt aufwenden, als größere. Eine Auskühlung ist hier wesentlich schneller erreicht, als bei Größeren.
Auch das dünne Fell vieler Hunderassen hat

3

WICHTIG

Keinesfalls dürfen schwer **unterkühlte** Tiere in stark geheizte Räume, vor die Heizung gelegt oder warm abgeduscht werden. Dies kann ebenso wie ein Massieren oder das Bewegen stark unterkühlter Tiere zu **plötzlichen Todesfällen** führen.

!

nur noch wenig mit dem dichten, wärmenden Winterfell des Wolfes zu tun und muss vom Besitzer entsprechende Beachtung finden. Wenig Bewegung in kalter Umgebung bedeutet wenig eigene Wärmeproduktion und kann bei entsprechendem Wetter auch zur Auskühlung führen. Ständige Zugluft tauscht die wärmende Luftschicht um den Körper herum rasch aus. Bei gestörter Kreislauffunktion (zum Beispiel Schock) ist auch die Temperaturregulation beeinträchtigt. In Seitenlage kann über die breite Auflage viel Wärme an den Untergrund verloren gehen.

Was ist zu tun?
Symptomatik und gemessene Körpertemperatur geben rasch Auskunft über den Grad der Unterkühlung.
Ist der Hund »nur« am Frieren/Zittern, sorgen Sie für Bewegung. Lassen Sie den Hund

an der Leine neben sich hertraben. Ist dies nicht möglich, sorgen Sie für eine isolierende Unterlage und warme Decken. Kleine Hunde können auch in der eigenen Jacke verstaut werden.
Bei deutlicher Unterkühlung (bis 36°C) kommen der Kontrolle und Sicherung der Vitalfunktionen schon große Bedeutung zu.
Zuerst gilt es, eine weitere Auskühlung zu verhindern. Der Hund sollte an einen wärmeren, leicht geheizten Ort verbracht werden. Bewusstseinsklaren Tieren kann man versuchen, eine warme Fleischbrühe anzubieten. Durch vorsichtiges Einhüllen des Tieres in Decken oder eine Rettungsfolie kann eine schonende, passive Erwärmung erreicht werden.
Stärkere Unterkühlungen, bei Körpertemperaturen unter 36°C, bedürfen zusätzlicher Maßnahmen. Ein Wiedererwärmen stark unterkühlter Tiere ist nicht ganz einfach und sollte möglichst vom Körperkern her erfolgen. So kann eine mit Tüchern umwickelte Wärmflasche oder ein warmes Körnerkissen auf den Körper gelegt werden. Dann kann das ganze Tier in eine Rettungsfolie und vorsichtig in weitere Decken eingehüllt werden.
Ist die Unterkühlung so stark, dass die Körperkerntemperatur unter 35°C gesunken ist, ist das Wiedererwärmen sehr schwierig und am günstigsten mit einer warmen Infusion vorzunehmen. Man kann den Hund auch warme Luft einatmen lassen (Klinik).

3

■ *Die Rettungsdecke schützt einen Verletzten Hund vor Auskühlung, aber Vorsicht: Viele Hunde haben Angst vor dem Knistern der Decke.*

Erfrierungen

Erfrierungen kommen beim Hund, aufgrund guter Kälteschutzmaßnahmen (Unterhautfett, Fell, Verhalten), nur selten vor.

Symptome

- Hautverfärbung je nach Grad
- Schwellung
- Blasenbildung
- Schmerzen
- Später Gefühllosigkeit

Auch bei Erfrierungen gibt es ähnlich wie bei Verbrennungen verschiedene Gradeinteilungen. Nur dass man es bei Erfrierungen oft erst Tage später erkennt, welches Gewebe sich wieder erholt und welches unwiderruflich abgestorben ist.

Bei leichten Erfrierungen verengen sich die Gefäße durch den Kältereiz, hierdurch sinkt die Durchblutung. Die Haut verfärbt sich zu Beginn weiß und später dann rötlich. In diesem Stadium ist das Gewebe in der Regel noch weich, aber dafür stark schmerzhaft. Bei sofortiger Wiedererwärmung sind keine Spätfolgen zu erwarten.

Im späteren Stadium wird die Haut bläulich-rot. Neben der Schmerzhaftigkeit des Gewebes kommt es zu Schwellungen und Blasenbildung. Die Erfrierungen beginnt auch auf tiefere Schichten (Muskulatur, Knochen) zu schädigen. Das Gewebe wird insgesamt fester und die anfängliche Schmerzhaftigkeit weicht einer Gefühllosigkeit. In dieser Situation spricht man von schweren Erfrierungen. Welches Gewebe sich wieder völlig erholt und welches abstirbt, zeigt sich dann oft erst Tage später.

In weiteren Stadien verfärbt sich die Haut grau-bläulich marmoriert und schließlich blass bis weiß. In Extremsituationen kann es zu einer völligen Vereisung und zum Abbrechen des Körperteiles kommen. Die ange-/erfrorene Haut bietet nur noch wenig Schutz vor dem Eindringen von Keimen, wodurch die Infektionsgefahr erhöht ist.

Ursachen

Es gibt verschiedene Faktoren, die die Entstehung von Erfrierungen begünstigen. Bei Erfrierungen kommt es durch starke oder anhaltende Kälteeinwirkung unter dem Gefrierpunkt zu lokalen Gewebeschäden.

In schweren Fällen kommt es auch zum Absterben von Gewebe. Mehrere Mechanismen sind hier verantwortlich. Ein wichtiger Mechanismus, der zur Zerstörung des Gewebes führt, ist die Schädigung der Kapillarmembran – der Wand der kleinen Blutgefäße. Die Flüssigkeit des Blutes tritt aus, die Blutzellen bleiben zurück. Das Blut dickt ein. Dies führt zu Durchblutungsstörungen, aus der eine Minderversorgung mit Sauerstoff und Nährstoffen resultiert. Zudem entstehen auch Eiskristalle in den Zellen, die zusätzlich die Zellwände schädigen. Besonders betroffen sind die Körperspitzen, wie Ohren, Pfoten, Rutenende, Hodensack oder Zitzen. Sie sind der Kälte unmittelbar ausgesetzt und nur wenig durch Fett oder Muskulatur isoliert.

Was ist zu tun?

Zuerst muss eine weitere Kältezufuhr abgestellt werden. Liegt eine gleichzeitige Unterkühlung des gesamten Körpers vor, so hat diese Behandlung absoluten Vorrang. Das unterkühlte, erfrorene Gewebe ist äußerst empfindlich und reagiert auf Druck von außen mit weiterer Einschränkung der Durchblutung oder gar Nervenschäden. Ein lockerer Verband kann helfen, die Hunde daran zu hindern, die schmerzhaften oder auch gefühllosen Bereiche zu belecken oder anzukauen. Ist Haut zerstört, sollte diese mit sterilem Verbandsmaterial (Brandwundentuch) abgedeckt werden.

Wegen der Druckempfindlichkeit des Gewebes ist auf eine gute Abpolsterung zu achten (»in Watte packen«).

Hat der Hund ausgedehnte Erfrierungen an den Pfoten, sollte er nicht mehr selber gehen, denn durch die Muskelaktivität entsteht ein erhöhter Sauerstoffbedarf, der über die stark verengten Gefäße nicht ausreichend gedeckt werden kann.

Zur Erwärmung ist ein Wasserbad geeignet. Wie schnell die Aufwärmung erfolgen soll, ist zum Teil noch umstritten. Ob man die Temperatur des Wasserbades von 10°C auf 40°C innerhalb von 30 bis 40 Minuten erhöht oder schneller, sollte man im Einzelfall entscheiden. Beim Angleichen der Temperatur, dem Zugießen von heißem Wasser ist die Gliedmaße/das Gewebe für diesen Moment aus dem Wasser zu nehmen. Steht kein Thermometer zur Verfügung, kann man mit der eigenen Hand die Temperatur abschätzen. 40°C Wassertemperatur wird von einer normal temperierten Hand nicht als zu heiß empfunden.

In Notsituationen kann man eine Haut-zu-Haut-Erwärmung vornehmen. Hier kann man das geschädigte Gewebe mit der eigenen Hauttemperatur (Bauch an Bauch, Pfote in die Achselhöhle) wärmen.

Bei stärkeren Erfrierungen ist aber eine spätere kontrollierte Wiedererwärmung vorzuziehen. Denn zu befürchten ist, dass bei einer zu langsamen, aber auch bei zu schneller Erwärmung, die Durchblutung nicht mit dem

3

gestiegenen Sauerstoffbedarf des Gewebes Schritt halten kann, was zu weiterer Schädigung führen kann.

Bei der Behandlung von Erfrierungen ab Grad zwei ist zu beachten, dass die wichtigen tieferen Gewebe (Knochen, Muskulatur, Nerven, Sehnen) auch erwärmt werden müssen. Im aufgetauten Zustand wird das Gewebe wieder schmerzhaft und schwillt an. Der Hund sollte das Gewebe/die Gliedmaßen jetzt erst recht nicht mehr belasten. Ist eine kontrollierte »schnelle« Erwärmung in der Situation nicht möglich, ist es besser, den Kältezustand des Körperteiles zu halten, schlimmstenfalls kühlen. Eine ganz langsame Erwärmung, wie sie bei einer langen Autofahrt stattfinden würde, verursacht einen größeren Schaden!

Besser nicht tun:
Betroffene Stellen massieren oder mit Eis, Schnee oder kaltem Wasser abrubbeln. Dies kann lokal Schädigungen hervorrufen, da das betroffene Gewebe sehr empfindlich ist. Ein Fön, offenes Feuer oder Gaskocher eignen sich nicht zur Wiedererwärmung.

Verbrennungen und Verbrühungen

Verbrennungen unterteilt man in 4 Grade – je nach Tiefe und Ausmaß.

Symptome

Verbrennung 1. Grad:
Betrifft nur die oberste Hautschicht.

Es kommt zu Rötung, Schwellung und Schmerzen. Vollständige Heilung in der Regel innerhalb von drei bis vier Tagen. Eine sehr häufige Art der Verbrennung 1. Grades ist der Sonnenbrand! Hier haben speziell Hunde, wie Dalmatiner und Bullterrier, mit sehr kurzem Fell und heller Haut, ihre Probleme. Exponierte Stellen, wie Ohren oder wenig behaarte Körperteile, seitliche Brustwand und Bauch sind besonders betroffen. Aber auch bei langhaarigen Hunden (zum Beispiel Bobtail, Bearded Collie) tritt sie auf dem unpigmentierten Nasenrücken auf.

Verbrennung 2. Grad:
Betrifft auch tiefere Hautschichten. Zusätzlich zu den oben genannten Symptomen kommt es zu Blasenbildung, Ödemen und nässenden Wunden. Ausheilung kann unter Narbenbildung einige Wochen dauern.

Verbrennung 3. Grad:
Bedeutet eine völlige Zerstörung der Haut, eventuell sogar des darunter liegenden Gewebes. Im Zentrum ist das Gewebe schmerzlos und von wachsartiger Konsistenz. Derartige Veränderungen erfordern chirurgische Maßnahmen, zum Beispiel Hautverpflanzungen, da eine Regeneration sehr schwierig ist. Ausheilung immer mit deutlicher Narbenbildung. Verbrennungen 3. Grades kommen aber nicht isoliert vor. Sie werden in der Regel von Verbrennungen 2. und 1. Grades umgeben.

3

Verbrennung 4. Grad:
Schwerste Form der Verbrennung. Das Gewebe ist zum Teil stark verkohlt. Ist nicht mehr schmerzempfindlich und auch nicht mehr fähig, sich zu regenerieren.

Ursachen

Das Ausmaß der Schädigung der Haut hängt von mehreren Faktoren ab. Hier ist neben der Dauer der Exposition und der Temperatur, die Art der Wärmequelle entscheidend. Man unterscheidet grob in:

- Strahlungswärme – von Sonne, Feuer oder Heizkörper
- Heiße Festkörper – wie Herdplatten, Auspuffrohr, Töpfe, Kohle
- Offene Flamme
- Heiße Dämpfe
- Mechanisch reibende Teile – wie Seile

Verbrühungen passieren oft zu Hause, wenn der Hund aus Neugier oder Hunger den Topf mit kochendem Inhalt vom Herd reißt. Oder Frauchen/Herrchen mit dem heißen Topf über den Hund stolpert, der in der Küche ja grundsätzlich hinter einem sitzt. Ebenfalls häufiger kommen Verbrennungen an den Pfoten der Hunde vor, vor allem, wenn sie längere Zeit auf heißem Asphalt oder Sand stehen oder langsam gehen müssen. Verbrennungen/Verbrühungen sind immer sehr schmerzhaft und können beim Untersuchen des Hundes (der Pfoten) starke Gegenwehr/Aggressionen auslösen! Wichtig für das weitere Vorgehen ist es, Grad und Größe der Schädigung festzustellen.

Verbrennungskrankheit

Durch Verbrennung ausgelöste Gewebezerstörungen beeinflussen nachhaltig den Gesamtorganismus. Ab einer Ausdehnung der Verbrennung von mehr als 10 % der Körperoberfläche besteht eine hohe Schockgefahr, durch größere Flüssigkeitsverluste. Dies wird häufig unterschätzt, weil die Ansammlung von Flüssigkeit im Wundgebiet, trotz nässender Wunden nicht im vollen Ausmaß ersichtlich ist.

Durch die Störung der Blutgefäßdurchlässigkeit sowie bei einem Eiweiß- und Elektrolytverlust, können Ödeme entstehen. Lebensgefährlich ist die Bildung eines Gehirnödems. Zudem besteht die Gefahr einer Schädigung innerer Organe, vor allem der Nieren, aber auch der Lunge, infolge der gestörten Durchblutung aufgrund des Schocks und einer Ansammlung giftiger Abbauprodukte.

Es besteht zudem eine große Infektionsgefahr, da Erreger in dem absterbenden Gewebe ideale Wachstumsbedingungen vorfinden. Starke Schmerzen und die Anhäufung von Abfallprodukten belasten zusätzlich den Kreislauf.

Was ist zu tun?

Sofortige Kühlung des betroffenen Bereichs über mindestens 20 Minuten mit kaltem, sanftem Wasserstrahl. Zur Not auch mit

> ## **WICHTIG**
>
> An frischen **Brandwunden** ab dem 2. Grad sollte nicht manipuliert oder irgendwelche Medikamente, Salben, Gele aufgetragen werden. Verbrennungen sollten auf keinen Fall mit irgendwelchen »Hausmitteln« (zum Beispiel Mehl, Butter, Öl) versorgt werden.

feuchten, kühlen Tüchern, die ständig mit frischem Wasser neu gekühlt werden sollten. Dies lindert Schmerzen und kann zum Teil auch die unmittelbaren Verbrennungsfolgen (Nachbrennen) vermindern.

■ *Schlafender Hund am Feuer – nicht ganz ungefährlich!*

Vorsicht bei großen Bränden:
Bei der Bergung des Tieres aus dem Gefahrenbereich
● Selbstschutz beachten!
● Eventuell Rettungsseil
● An giftige Rauchgase denken!
Was zu tun ist, hängt stark vom Ausmaß der Verbrennung ab!
Bei offenen Bränden besteht die Gefahr, dass es durch heiße, reizende oder auch giftige Dämpfe zu Schäden in den Atemwegen gekommen ist.
Um festzustellen, wie schwerwiegend eine Verbrennung ist, muss man folgende Faktoren in Betracht ziehen:
Der Kontakt mit Flüssigkeiten und Feuer verursacht die schlimmsten Verbrennungen. Kochendes Öl ist noch schlimmer als kochendes Wasser, da es wesentlich heißer wird. Heißer Dampf verbrennt hauptsächlich die Augen und die äußeren Atemwege, während die Haut durch das Fell recht gut geschützt ist.
Feste Gegenstände (heißes Metall) verursachen schwere, aber meist lokal begrenzte Verbrennungen (Bügeleisen, Herdplatte).
Brennendes Fell oder brennende Flüssigkeiten auf dem Fell unverzüglich löschen. Die Flammen sollten mit einer Decke oder Kleidungsstück (kein Synthetikgewebe) erstickt werden.
Bei kleineren Hunden oder großflächigen Verbrennungen muss die Gefahr der Unterkühlung bei der Kühlung der Brandwunden

berücksichtigt werden. Hier ist es ganz wichtig, die Körpertemperatur des Hundes zu kontrollieren! Auch sollte die Kühlungszeit der Brandwunde genau beachtet werden. Danach die Brandwunden locker mit sterilem Verbandsmaterial versorgen, am besten mit speziell für Verbrennungen beschichtetem Material.

Verbrennungen 3. und 4. Grades bedürfen auf jeden Fall einer ärztlichen Versorgung!

Je nach Ursache (heißes Wasser, Dampf ...) und Größe der Verbrennung sind weitere Punkte zu beachten:

Bei ausgedehnten Verbrennungen ab dem 3. Grad und bei Verbrennung von mehr als ¼ der Körperoberfläche, auch bei 1. und 2. Grad, muss wegen hoher Schockgefahr Kreislauf und Atmung überwacht werden.

Zur eigenen Wundversorgung eignen sich nur leichte Verbrennungen, ähnlich einem Sonnenbrand, die mit Brandsalben oder Gels behandelt werden können. Auf dem Transport zum Tierarzt kann einer schockbedingten Unterkühlung durch das lockere Einhüllen in eine Rettungsfolie zusätzlich vorgebeugt werden.

Material
- Kaltes Wasser
- Tücher
- Verbandsmaterial für Brandwunden
- Decke

Verätzungen

Symptome

Durch Verätzungen wird Gewebe zerstört, ähnlich wie bei Verbrennungen. Ausschlaggebend für den Grad der Schädigung sind die Art, die Konzentration und die Einwirkzeit der ätzenden Substanz.

Hier muss man zwischen Verätzungen durch Säuren und Laugen unterscheiden. Bei Säureverätzungen bildet sich auf der betroffenen Haut und Schleimhaut ein fest anhaftender Schorf von charakteristischer Farbe:

- Salzsäure = weißlich
- Salpetersäure = gelb
- Schwefelsäure = schwarz

Die Verätzungen mit Laugen sind oft schwerer, sie verursachen glasige Verquellungen.

Unabhängig ob Lauge- oder Säureverätzungen, meist liegt noch eine Hautrötung und Schwellung vor. Verätzungen sind immer sehr schmerzhaft! Das heißt, die Hunde jaulen auf, jammern und versuchen, die betroffenen Stellen zu belecken. Durch die Zerstörung der Haut entstehen, zum Teil tiefe, infektionsgefährdete Wunden.

Bei Verätzungen im Maul fangen die Hunde oft an, schmatzend zu kauen und zu speicheln.

3

Ursachen

Es gibt mehrere Möglichkeiten, wie sich ein Hund Verätzungen zuführen kann: Es ist zum Beispiel möglich, dass der Hund durch ätzende Chemikalien läuft. Hierbei sind in erster Linie die Pfoten, das heißt die Ballen betroffen. Eine weitere Möglichkeit ist, dass ein Gefäß mit entsprechenden Stoffen im Vorbeigehen umgeworfen wird. So kann sich der Hund, durch Spritzer an verschiedenen Stellen (Haut, Augen) verätzen.

Auch besteht die Möglichkeit, dass der Hund ätzende Chemikalien aufnimmt, zum Beispiel durch Belecken der verätzten Pfoten. Dies hätte Verätzungen an den Lefzen, im Maul und in der Speiseröhre zur Folge.

Was ist zu tun?

Selbstschutz beachten!

Bei Verätzungen ist es wichtig, schnell durch intensives Spülen die Chemikalie zu entfernen oder stark zu verdünnen und damit unwirksam zu machen. Es ist wichtig, dass die Zeit zwischen Giftkontakt und Spülung möglichst gering ist. Lauwarmes, fließendes Leitungswasser kann deshalb verwendet werden. (Falls schnell zur Hand, sollte sterile, physiologische Kochsalzlösung verwendet werden.)

Ist langes, zotteliges Fell kontaminiert, kann dieses auch einfach weggeschnitten werden. Haut und Pfoten nach der Spülung möglichst steril abdecken, da die Wunden vor dem Belecken und weiterer Schädigung geschützt (Verband) werden müssen. Auch das verätzte Auge sollte mit einem sanften Wasserstrahl ausgespült werden. Die Schwierigkeit wird dabei sein, dass der Hund das Auge stark zukneift und beim Spülversuch heftige Gegenwehr leisten wird. Der Kopf muss beim Spülen so gehalten werden, dass das Spülwasser von der Nase zum Ohr läuft, um zu verhindern, dass noch ätzendes Spülwasser ins nicht betroffene Auge fließt.

Auch das Auge muss vor weiterer Schädigung geschützt werden, das heißt im Zweifelsfall einen Augenverband/Kragen anlegen.

Beim Verdacht einer Verätzung durch orale Aufnahme von Chemikalien, sollte man Lefzen und den Maulbereich mit fließendem Wasser spülen (»Munddusche«). Danach, um die schon im Magen befindlichen Giftstoffe abzuschwächen, den Hund möglichst reichlich Wasser trinken lassen (eventuell mit 20ml-Spritze vorsichtig einflößen). Keinesfalls darf Erbrechen ausgelöst werden, die ätzenden Substanzen würden wieder die Speiseröhre und die Mundhöhle passieren und diese so einer erneuten Ätzwirkung ausgesetzt. Die Magenwand selbst ist gegen Säureeinwirkung durch eine Schleimschicht besser geschützt.

Material

- Wasser
- 20ml Spritze zum Spülen
- Verbandsmaterial
- Schere

3